가구 드로잉 기법

Furniture Drawing Technique

조 숙 경

기문당

머리말

미술대학을 가기 위해 학원에 다니기 시작한 고등학교 때부터 데생 또는 소묘라는 말에 익숙해지기 시작했다. 대학에 들어가면서는 드로잉이라는 단어에 더 익숙해지기 시작했는데, 아마도 도학이라는 과목을 배우면서인 것 같다. 이것은 드로잉의 큰 범주에 소묘와 데생이 들어감에도 불구하고, 디자인을 전공한 저자의 기억에 드로잉이 디자인 경향이 강한 전문적인 단어로 기억되는 이유이다.

긴 세월이 흘러 다시 드로잉에 관하여 생각을 하게 된 것은 서일대학 생활가구디자인과에서 드로잉 과목을 맡게 되면서이다. 여러 대학에서 강사를 할 때에는 도학이라는 과목을 가르쳐 봤으나, 드로잉은 처음이었기 때문에 수업내용을 계획할 때 고심을 했었다. 특히 마땅한 교재가 없어 여러 가지 책에서 발췌한 내용으로 해마다 시행착오를 거치다 보니 가구디자인과에서 필요한 드로잉 책을 만들어야겠다는 생각에 이르렀다. 전문대학의 디자인계열이 대부분 실기시험을 치르지 않기 때문에 사전에 디자인교육을 받지 않고 들어오는 학생이 대부분이다. 그래서 디자인 전공과목에서 당장 필요한 아이디어 표현능력뿐만 아니라 졸업 후 사회에 적응하기 위한 드로잉 기술을 습득해야 한다.

따라서 이 책은 가구드로잉을 처음 접하는 일반인이나 대학생들이 책을 보고 혼자 익힐 수 있도록 상세하고 쉽게 서술하였다. 또한 국내 및 국외 디자이너들의 다양한 드로잉 사례를 소개하여 독자들로 하여금 자신만의 독특한 드로잉의 세계를 구축하는데 도움을 주고자 노력하였다.

부디 이 책이 여러분이 세계적인 디자이너로 성공하는데 밑거름이 되길 바란다.

저 자

Content

◑ 드로잉을 위한 준비 007
1. 드로잉이란? 008
2. 가구 드로잉 재료 009
3. 연필 잡는 법 011

◑ 드로잉 기초실습 013
1. 점 014
2. 선 015
3. 사각형 021
4. 원 023

◑ 기하학적 입체드로잉 025
1. 1점 투시 027
2. 2점 투시와 3점 투시 029
3. 육면체 033
4. 원기둥과 원뿔 037
5. 응 용 042
6. 명 암 048

◑ 생활용품 드로잉 051
1. 종이컵 053
2. 우유곽 054
3. 수 첩 055
4. 필 통 055
5. 스카치테이프 056
6. 만년필 056
7. 핸드폰 057
8. 가 위 057
9. 화장품 058

◑ 가구 드로잉 061
1. 스툴 063
2. 협 탁 067
3. 차탁자 071
4. 소 파 075
5. 거실장 079
6. 콘 솔 082
7. 화장대 085
8. 서랍장 087
9. 침 대 089
10. 식 탁 092
11. 책 장 094
12. 의 자 097
13. 벤 치 100

◑ 공간과 가구 드로잉 103
1. 거 실 106
2. 침 실 110
3. 부 엌 113
4. 공부방 116
5. 화장실 118
6. 정 원 122
7. 공공장소의 스트리트 퍼니처 125

◑ 국내 · 외 디자이너 드로잉 129
1. 국내작가 130
2. 국외작가 146

드로잉을 위한 준비

1. 드로잉Drawing 이란?

드로잉은 채색되지 않은 밑그림을 말하며, 종류에는 스케치, 소묘, 데생, 제도, 크로키 등이 있다. 일반적으로 눈에 보이는 것을 느낌에 따라 과장과 생략으로 그려내는 것을 의미하며, 더 나아가서 그림을 그리거나 제품을 만들기 위한 가장 기초단계로 머릿속에 있는 아이디어를 본인은 물론 다른 사람이 이해할 수 있도록 시각적으로 표현한 그림을 총칭한다.

대부분 흰색의 종이에 회색이나 검정색의 무채색 계열로 그리는데, 이것은 유채색으로 인하여 자칫 아이디어가 정확하게 전달되지 않을 수 있기 때문이다. 경우에 따라서 명암을 넣기도 하지만, 무채색으로 표현되는 것이 지배적이다.

간략하게 표현되면서도 다른 사람의 이해를 얻어야 하는 만큼, 드로잉에는 기본적인 원리가 숨어 있는데, 그 원리를 이해하고, 계속해서 연습을 하다보면 자기만의 스타일이 생긴다. 가구는 제품디자인에 속하며, 대부분 육면체 형태를 띠기 때문에 입체로 표현하는 것이 중요하다. 정확한 입체 표현을 위해서는 비례가 맞아야 하기 때문에 가구의 규격을 인지해야 하며, 이를 토대로 드로잉 학습을 반복하다보면 산업현장에서도 손색이 없는 드로잉 기술을 갖게 되는 것이다.

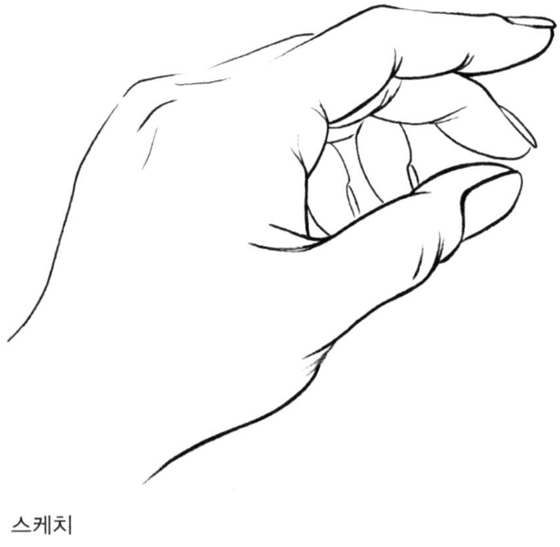

스케치

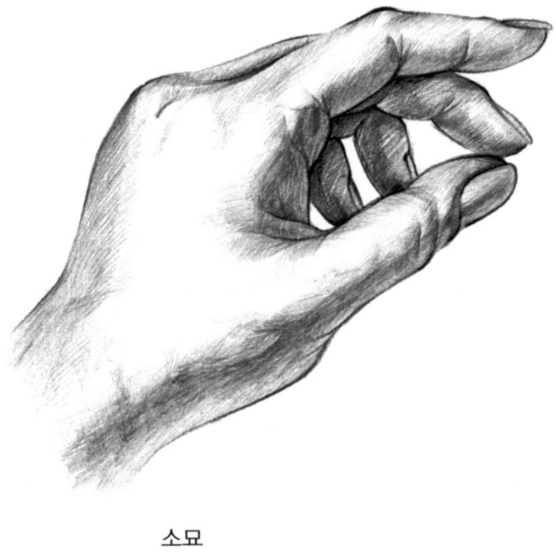

소묘

2. 가구 드로잉 재료

재료는 크게 종이, 그리고 연필, 지우개와 같은 드로잉 도구로 나뉜다.

종이는 일반적으로 스케치북에 사용되는 종이가 적당하다. 너무 얇지도 두껍지도 않은 것이 좋으며, 하얀색보다는 약간 크림(아이보리)빛이 도는 것을 고른다. 그래야 눈의 피로도 적고, 연필선이 종이에 밀착되어 편안해 보인다. 숙달된 디자이너가 되면, 복사용지 또는 냅킨에도 드로잉이 가능하나 기초를 다질 때에는 드로잉이 최대한 잘 될 수 있는 재료가 좋다. 종이의 크기는 A3가 적당하며, 이 보다 작으면 그림이 작아지기 때문에 드로잉의 틀린 점을 찾기가 어려우므로 기술을 습득하는데 많은 시간이 소요된다. 그림은 크게 그려야 오류가 잘 보이며, 틀린 점이 보여야 고쳐 그릴 수 있다. 남의 그림을 비판할 수 있는 눈도 필요하지만, 자기가 그린 그림을 보고 틀린 곳을 발견하는 것이 더 중요하다.

종이에는 앞 · 뒤 면이 있는데, 스케치북은 앞면을 구분하여 묶어놨기 때문에 따로 구분할 필요가 없다. 그러나 낱장으로 있을 때는 판별하여 앞장에 그려야 연필선이 뭉개지

스케치 재료

지 않고 그림이 잘 그려진다. 두 면 중에 더 매끈하고, 부드러운 곳이 앞면이다.

드로잉 도구로는 일반적으로 연필이 가장 많이 쓰인다.

연필의 종류는 다양하나 기초를 다질 때에는 2B나 B가 적당하다. 2B를 써보고, 연필선이 뭉개지거나 너무 진하다고 생각되면, B로 바꾼다. HB는 단단하여 선이 가늘고 색이 흐리기 때문에 초보자가 사용하기에는 다소 무리가 있다. 반대로 4B는 굵고 물러서 선이 진하며, 뭉개지기 쉬우므로 부적합하다. 그 외에 목탄이나 색연필은 회화 드로잉에는 용이하나 가구와 같은 제품 드로잉에는 부적합하고, 연필 중에 가장 피해야 할 것은 샤프이다. 샤프는 뾰족하고 단단하여 선을 부드럽고 정확하게 조절하기 어려우며, 드로잉을 지워야 할 경우 잘 지워지지 않는 단점이 있다.

외국의 경우를 보면, 유럽은 검정 색연필로 스케치하는 경우가 많으며, 미국은 사인펜이나 볼펜을 많이 사용하는 경향이 있는 것처럼 다양한 도구가 사용되고 있으므로 기초과정이 끝나면, 자신이 잘 다룰 수 있는 도구를 사용하도록 한다.

지우개는 딱딱한 것 보다 물렁한 것이 2B와 B의 연필로 그렸을 때 잘 지워진다. 기초연습을 할 때는 지우개를 쓰지 않는 것이 좋으므로 되도록 삼가한다. 지우개를 많이 쓰면, 매끈했던 종이의 표면이 거칠어지면서 연필선들이 지저분하게 퍼진다. 또한 연습의 진행속도가 느려지기 때문에 드로잉 기술을 익히는데 많은 시간을 허비하게 된다.

드로잉 재료가 구비되면, 최소 종이의 2배 되는 테이블에 올려놓고 실습에 들어간다. 테이블 위에는 종이와 연필, 칼, 지우개만 놓도록 하며, 손을 깨끗이 씻고, 복장도 편안하게 입어야 한다. 드로잉에 집중하려면 먼저 주변이 깨끗하게 정리되어 있어서 마음을 차분히 가라앉힐 수 있어야 하기 때문이다.

3. 연필 잡는 법

드로잉을 위한 연필 잡는 방법은 2가지가 있다.

하나는 종이를 수평으로 놓고 편편한 테이블에서 그리는 경우이며, 다른 하나는 이젤에 놓여진 종이에 그릴 때 잡는 법이다. 가구드로잉은 대부분 테이블에서 그리기 때문에 아래와 같은 방법으로 연필을 잡는다. 연필의 앞 부분에 쏠려 잡으면 손에 힘이 많이 들어가 선색이 진해지거나 연필심이 부러질 수 있으며, 연필의 뒷 부분을 잡으면 힘이 없어 선색이 너무 흐려질 수 있으므로 본인에게 맞는 적당한 선에서 잡는다.

책상에서 그릴 때 연필 잡는 자세

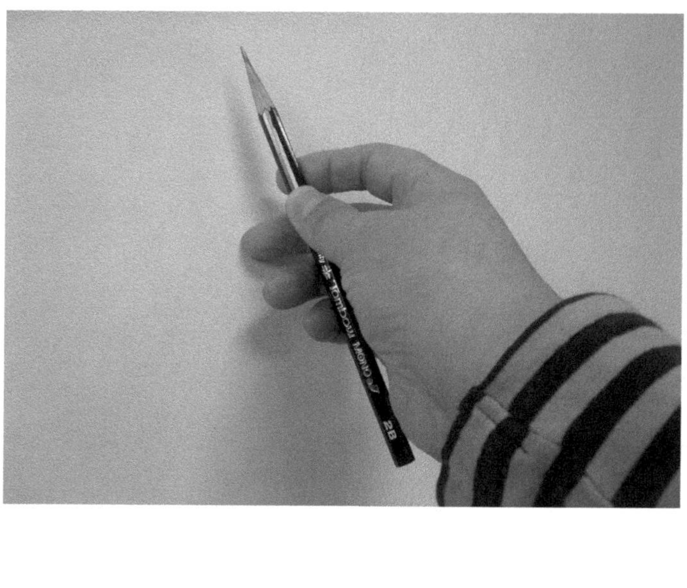

이젤의 경사진 화판에서 그릴 때

드로잉 기초실습

1. 점

점은 공간에서 하나의 위치를 가리키며, 선의 양쪽 끝 또는 평면이나 입방체의 모서리 선들이 만나는 곳을 말하기도 한다. 점이 계속 붙어 옆으로 나열되면 선이 되며, 점의 크기가 커지면 면이 된다. 점은 사물의 명암을 주거나 시멘트처럼 사물 자체의 표면상태를 표현할 때도 사용하고, 점을 활용한 그림의 기법으로는 점묘화가 있다. 점의 형태는 원으로 보여지나 현미경으로 들여다보면 별모양, 삼각형, 사각형 등 매우 다양하다.

점이 짧은 선과 구별이 되기 위해서는 방향성 없이 짧게 끊어 찍어야 하는데, 이렇게 하기 위해서는 점을 빠른 속도로 찍어 연필이 종이에 머무르는 시간을 최소화 해야 한다. 가구드로잉에서의 점은 실제로는 있으나 숨어 있는 선을 표현할 때 사용하며, 점선 또는 은선이라고 부른다.

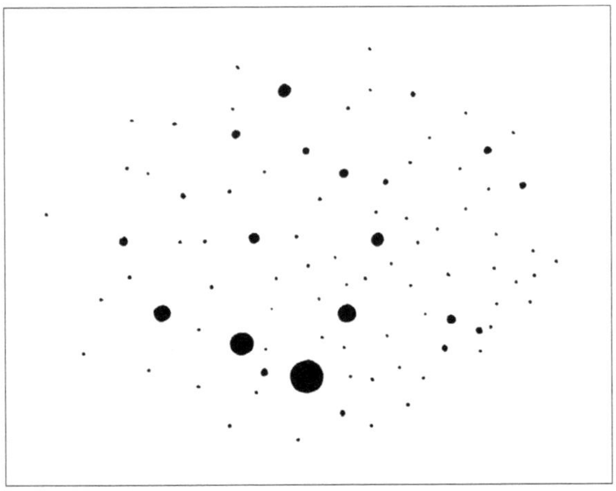

1-1 점의 다양한 크기

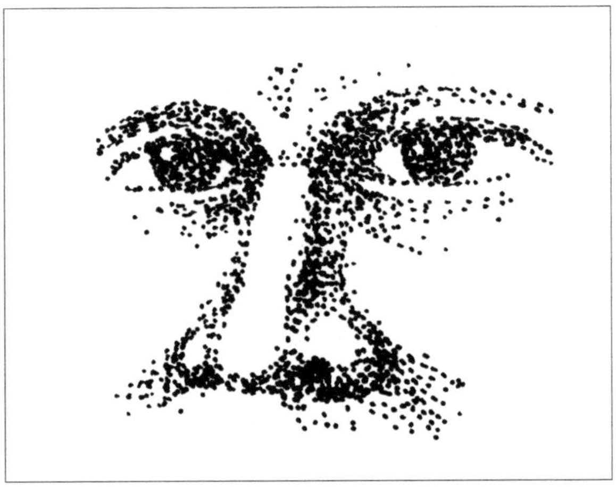

1-2 점묘화

2. 선

선은 점이 이동함에 따라 점의 나열이 선을 이루며, 위치와 방향성을 가진다. 또한 두 면이 마주 닿거나 교차되는 곳을 표시하며, 크게 직선과 곡선으로 구분된다. 선과 선이 이어져 폐쇄적인 공간을 만들면, 그것이 면이 되므로 드로잉에 있어서 선은 가장 중요한 요소이다.

〈직선〉

직선에는 수평선, 수직선, 그리고 사선이 있으며, 굵기와 진하기에 따라 그 느낌이 다르므로 다양한 선 연습이 필요하다.

직선을 그을 때는 되도록 한 번에 긋도록 하고, 긴 선을 그리기에 어려워 끊어 그릴 때에는 2~3번 정도가 적당하며, 앞 선의 끝과 다시 시작하는 선과의 사이에 1mm 정도 간격을 두어야 선과 선이 뭉치거나 맺히는 현상을 막을 수 있다.

2-1 수평선

수평선을 그을 때는 선의 진하기를 고르게 하고, 선 간격을 일정하게 하는데, 간격은 보통 10mm가 무난하다. 옆으로 긴 선을 그릴 때에는 팔 전체를 움직여야 하며, 손목만 움직이면 선이 아치형으로 휘게 된다.

2-1 수평선

2-2 수직선

수직선은 종이를 돌리지 않고 똑바로 둔 다음 위에서 아래로 향해 긋는다. 수평선과 마찬가지로 선 간격은 10mm로 하고, 선의 굵기와 진하기를 일정하게 하며, 좌측에서 우측으로 그려나간다.

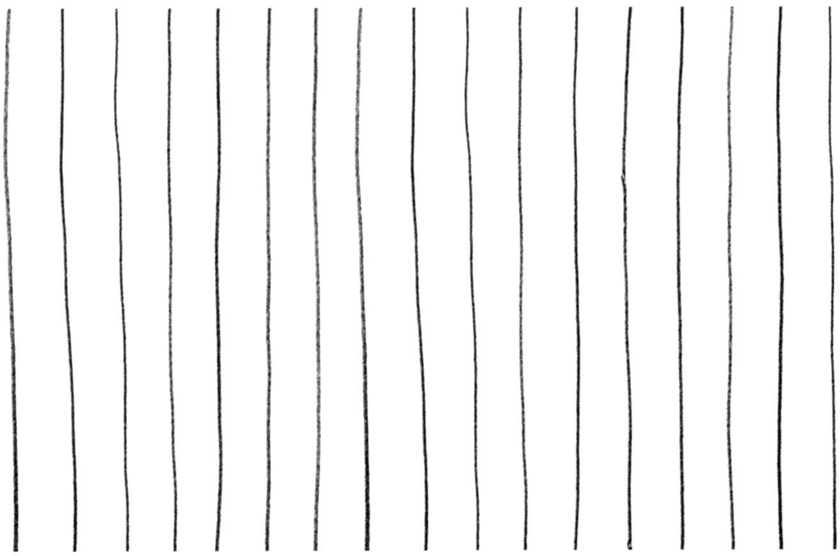

2-2 수직선

2-3 수평과 수직선 교차

수평선의 줄 간격과 수직선의 줄 간격을 동일하게 10mm로 하여 그리면 정사각형의 면이 만들어진다.

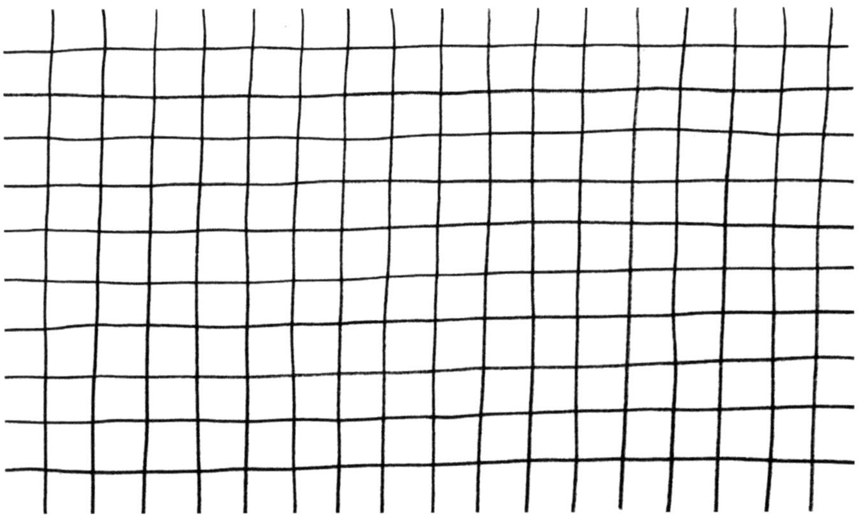

2-3 수평과 수직선

2-4 사 선

사선을 45° 로 왼쪽 위에서부터 아래로 내려 긋는다. 줄 간격은 10mm로 하며, 간격이 일정하게 그어지도록 눈을 멀리하고 그림 전체를 보면서 긋는다.

2-4 사선

2-5 사선교차

왼쪽 아래부터 반대방향으로 사선을 긋는데, 위의 줄 간격과 같게 하여 일정한 정사각형의 면이 나오도록 한다.

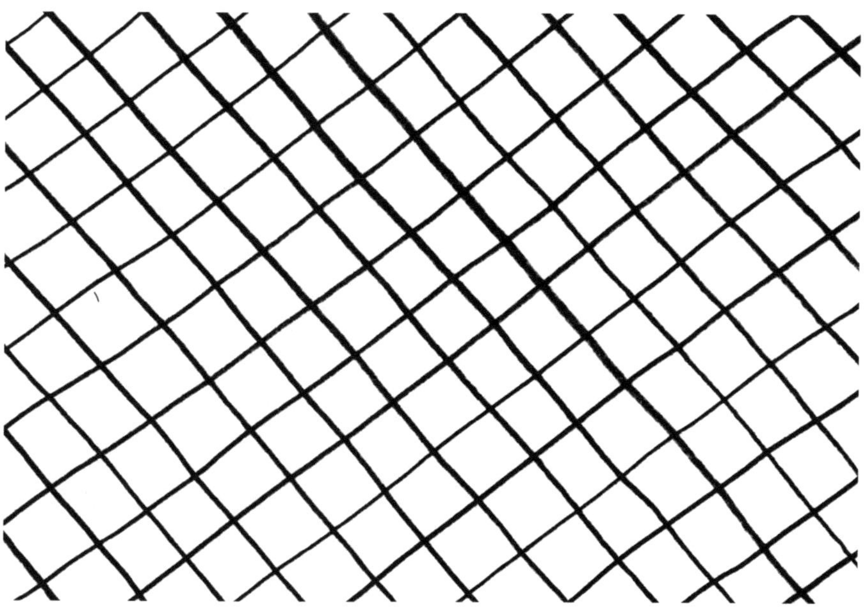

2-5 사선교차

2-6, 2-7 수평 및 수직분할

- 수평과 수직선을 번갈아 가며 긋는다.
- 선을 그을 때는 선의 교차로 생성되면 면의 크기가 다양하도록 고려한다.
- 화면에서 가장 넓은 면의 위치와 작은 면적의 위치를 마음속에 정해 놓고 선을 긋는다.
- 같은 크기의 면이 반복적으로 이어지면 그림이 지루해지니 피하도록 한다.
- 선이 틀려서 지우면 다른 선까지 지워지므로 천천히 긋고 틀리더라도 지우지 않는다.
- 몬드리안의 그림은 수평선과 수직선을 사용해 그린 세계 최초의 추상미술이다.

2-6

2-7

2-8 점선

점선은 점으로 이어지는 선을 말하며, 그 종류는 점의 크기와 점 사이의 간격에 따라 다양하게 표현된다. 가구도면을 그릴 때는 눈에 보이는 선은 실선으로 표시하고, 존재하지만 눈에 보이지 않는 선은 점선으로 표현한다.

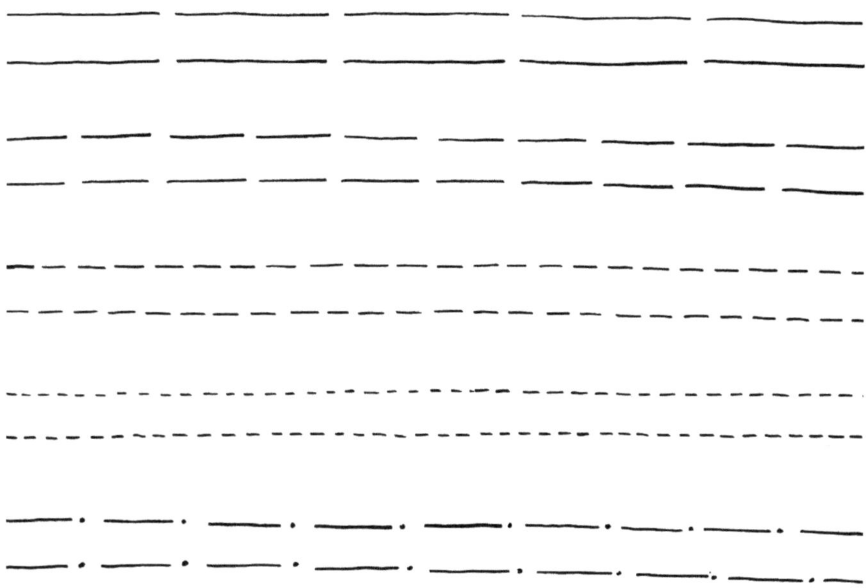

2-8 점선

〈곡선〉

곡선은 선의 방향이 일정하지 않고, 규칙적 또는 불규칙적으로 바뀐 것을 의미한다. 곡선을 그릴 때에는 선이 부드럽게 방향을 바꾸어야 하기 때문에 손에 힘을 주지 말고 자연스럽게 움직여야 한다. 한 번에 그리기 힘든 긴 선은 2~3번에 끊어서 긋는다.

2-9 자유곡선(가로)

파도무늬와 같은 자유곡선을 표현하는데, 한 쪽은 간격을 좁게 하고, 다른 쪽은 간격을 넓게 하여 반복해서 그려나간다.

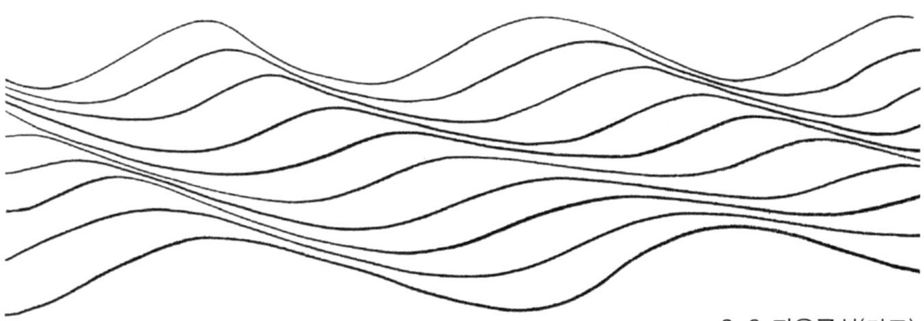

2-9 자유곡선(가로)

2-10 자유곡선(세로)

자유곡선의 규칙을 나름대로 만들어 위에서 아래로 중간에 끊지 않고 한 번에 그린다.

2-10 자유곡선(세로)

2-11 자유곡선(응용)

꽃잎과 같이 여러 방향으로 변화하는 자유곡선을 손의 움직임과 속도 조절로 자연스럽게 이어지도록 연습한다. 손에 힘을 빼고, 전체적인 그림을 보면서 한 번 또는 두 번에 나누어 한 줄을 완성하도록 한다.

2-11 자유곡선 응용

3. 사각형

면은 서로 다른 선과 선이 모여 닫힌 형태로 면을 이루며, 모양에 따라 사각형, 원, 삼각형, 오각형 등 다양하다. 정사각형은 4변의 길이가 같으며, 직사각형은 변의 길이가 다르므로 두 가지 모두 연습한다.

3-1 정사각형과 직사각형

정사각형과 직사각형의 2가지 표현법을 습득한다.

같은 크기의 정사각형을 반복적으로 그린다.

사각형은 직선 4개가 이어져 만들어진 것으로 직선을 긋는 방법에 유의하면서 긋도록 한다.

3-1 정사각형과 직사각형

3-2 정사각형 변형

정사각형 안에 무수한 정사각형이 크기가 다르게 들어가 있는 형태이나 일정한 간격을 반복적으로 주어 중심에 있거나 한 쪽 변으로 쏠려 있는 것을 표현한다. 즉 가장 먼저 외곽의 큰 사각형을 그린 뒤, 안의 두 번째로 작은 사각형을 그릴 때, 한 쪽 변과의 간격을 일정하게 띄어 반복해서 그려나가면 된다.

3-2 정사각형과 변형

3-3 사각형 구성

사각형 그리는 원리를 생각하면서 다양한 크기의 정사각형과 직사각형을 교차하며 드로잉한다. 새로운 사각형을 그릴 때는 사각형끼리 겹치면서 생기는 면의 크기가 다양한지를 고려하여 지루하지 않은 면분할이 되도록 한다. 한 쪽에서부터 그려나가기 보다는 전체적인 그림을 보면서 균형 있게 그리는 것이 미적 시각을 높이는 훈련이 된다.

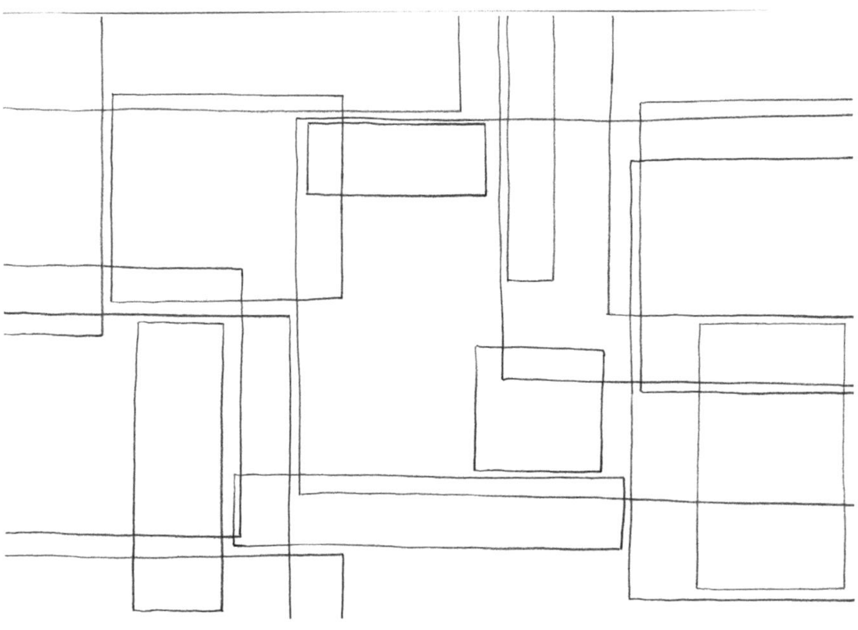

4. 원

원에는 정원과 타원이 있으며, 그리기 쉬운 정원부터 연습한다. 타원은 보는 각도에 따라 달라지므로 보는 시각에 따른 연습이 필요하다. 원은 끊지 않고 한 번에 그리도록 하며, 왼쪽 방향으로 원을 그리고, 오른쪽 방향으로 그리는 것을 자유자재로 실습한다.

4-1 정원 그리기

원을 그릴 때는 시작점과 끝나는 점이 일치하도록 하며, 어긋나거나 겹쳐져서 선의 굵기가 달라지지 않도록 천천히 그린다. 큰 원부터 서로 맞대어 그린 후 남은 면을 점차 작은 원으로 메워가며 정원 그리기를 반복한다.

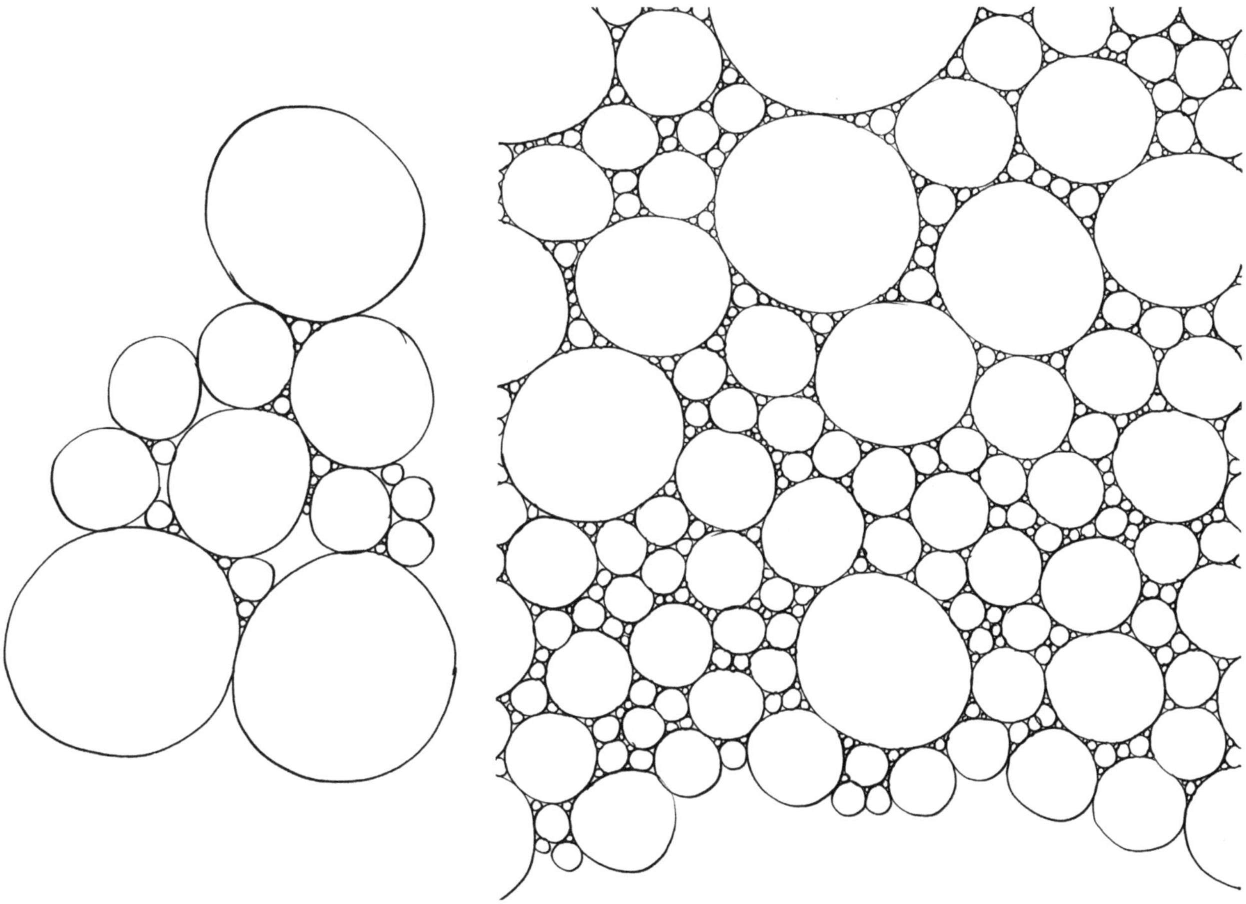

4-1 정원 그리기

4-2 타원

정원과 같이 타원을 빈틈없이 그려가며, 타원을 반복적으로 연습한다.

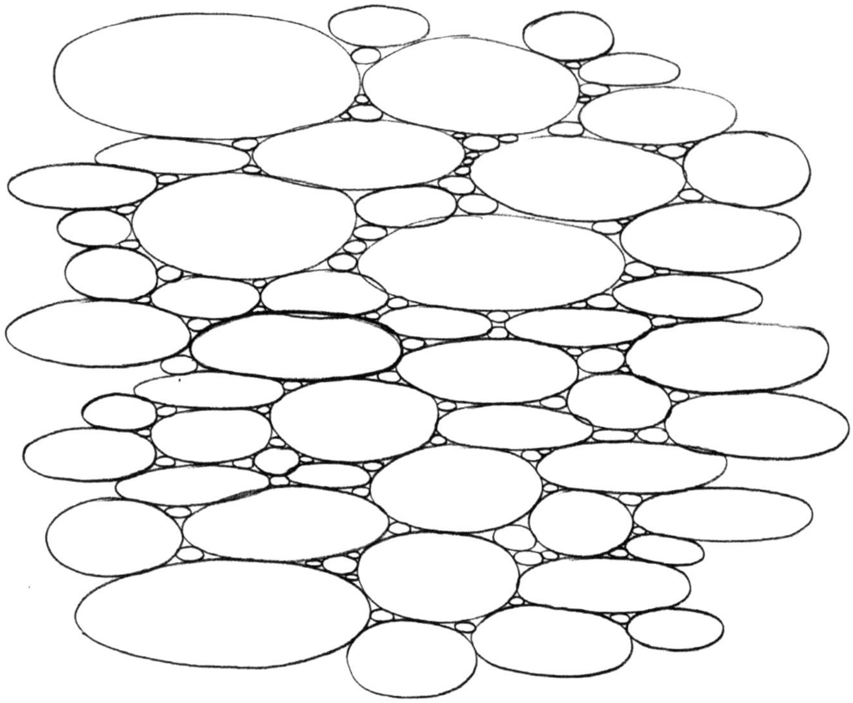

4-2 타원

4-3 원 응용

- 원 안에 점점 작아지는 원을 같은 간격으로 그린다.
- 달팽이의 등껍질처럼 시작점과 끝나는 점이 닿지 않도록 점점 작아지게 그린다.
- 원의 중심이 한 쪽으로 치우치도록 그린다.
- 줄 간격을 좁게 하여 그린다.

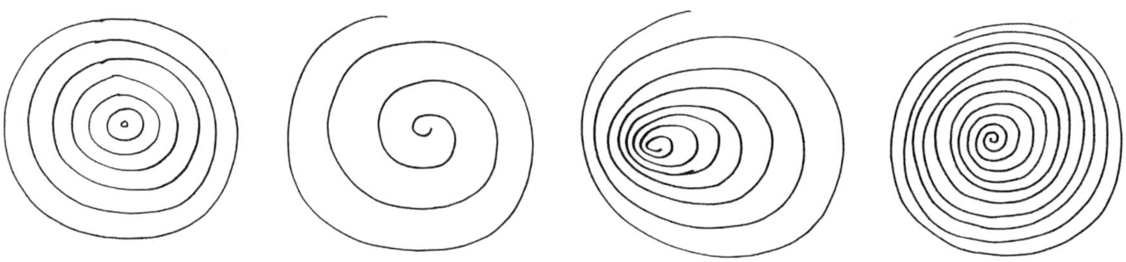

4-3 원 응용

기하학적 입체드로잉

입체란 서로 다른 면과 면이 모여 3차원 형태를 만들며, 기본적인 입체도형은 육면체, 원기둥, 뿔, 구 등 다양하다. 앞에서 연습한 평면도형은 가로와 세로의 길이만 가지고 있지만, 입체도형은 높이를 가지고 있다는 것이 큰 특징이다.

드로잉은 실제 물건을 그리거나 머릿속에 있는 아이디어를 실제처럼 그려서, 보는 이로 하여금 정확히 이해할 수 있도록 해야 한다. 투시도법에는 1점투시, 2점투시, 3점투시가 있으며, 무엇을 그릴 때 적합한지를 이해하고, 입체도형을 중심으로 드로잉 연습을 실시한다.

1. 1점 투시

소점이 하나인 투시도를 말하며, 평행선 원근법이라고도 한다. 물체의 한 변이 수평으로 놓여진 상태로 대부분 정면이 중심이 되어 그려지는 정면 중심도가 많으며, 주로 인테리어설계에 많이 쓰인다.

1점 투시

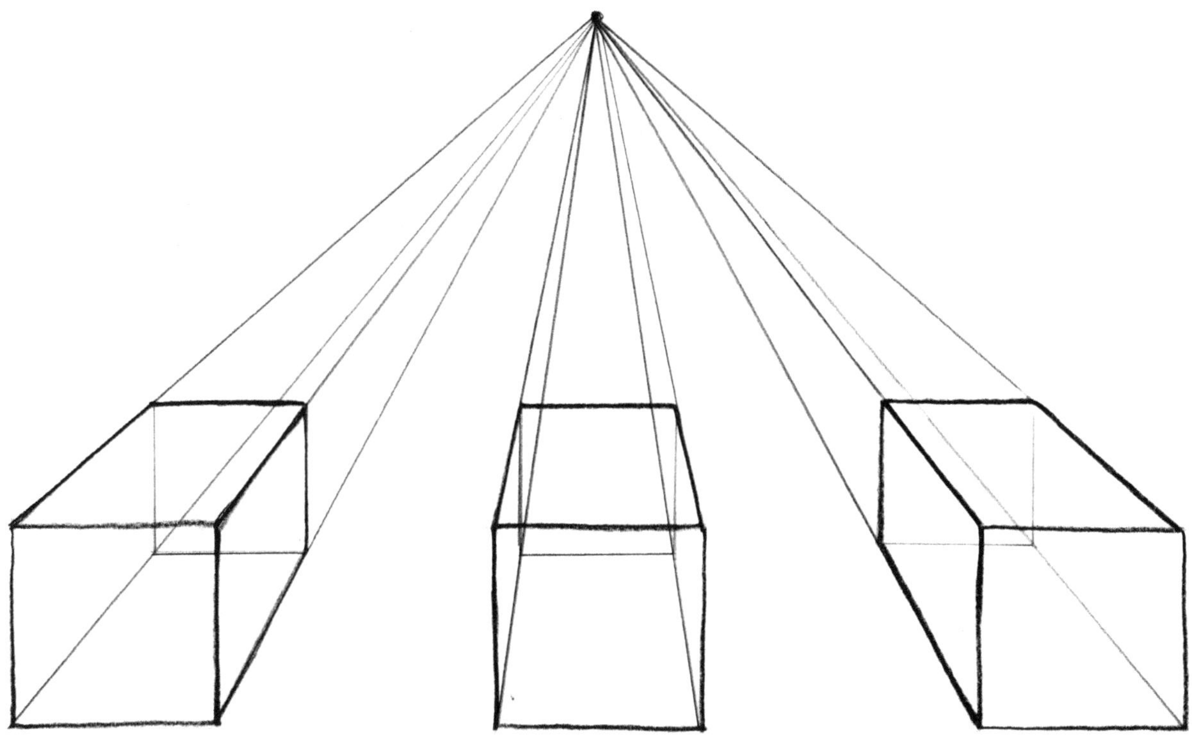

1점 투시도법에 의한 계단을 그릴 때는 측면에서 보여지는 면의 형태를 정면에 먼저 그린다. 아래 계단은 내려다보는 시점이라 발을 딛는 윗면이 많이 보이고, 위의 계단은 보는 시점이 위로 올라와 발을 딛는 윗면이 적게 보이는 대신 계단의 높이가 많이 보인다.

계단

2. 2점 투시와 3점 투시

2점 투시도는 일반적으로 커피잔, 컴퓨터, 가구 등과 같이 인간의 시야에 한눈에 들어오는 제품을 그릴 때 사용하며, 3점 투시는 실내인테리어나 건물처럼 한눈에 알아보기 힘든 인간보다 큰 물체를 그릴 때 사용한다. 따라서 가구는 2점 투시도로 그려야 하기 때문에 이에 대한 연습이 필요하다.

2점 투시도는 소점이 좌 · 우측으로 2개가 있으며, 사선 원근법으로도 부른다. 물체를 내려다 볼 때는 물체의 윗면이 보이므로 점으로 향하는 모든 선은 위로 향한다. 반대로 물체를 들고 밑면이 보이게 올려다 볼 때는 좌우 점으로 모이는 모든 선이 아래로 향한다. 왼쪽으로 향하는 선은 왼쪽 점으로 동시에 모여야 하며, 오른쪽으로 향하는 선은 오른쪽에서 동시에 모여야 한다. 그리고 높이를 뜻하는 세로선은 수직으로 내려 긋는다.

2점 투시

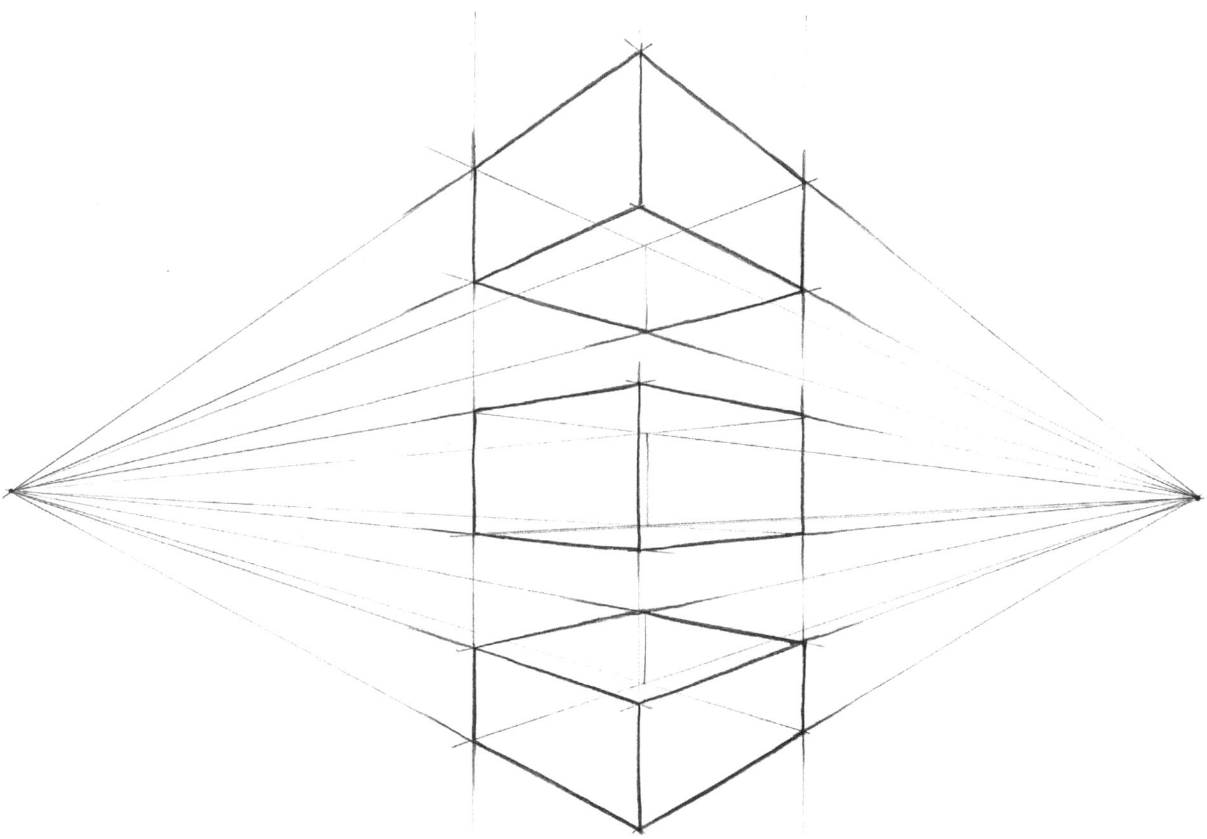

3점 투시도는 소점이 3개로 좌 · 우, 그리고 아래에 있으며, 공간원근법으로도 부른다. 따라서 높이를 뜻하는 세로선은 아래에 있는 소점으로 모두 모여야 한다. 아래에 점이 하나 더 있다는 것이 2점 투시와 다른 점이며, 그 외의 것들은 모두 동일하다.

3점 투시

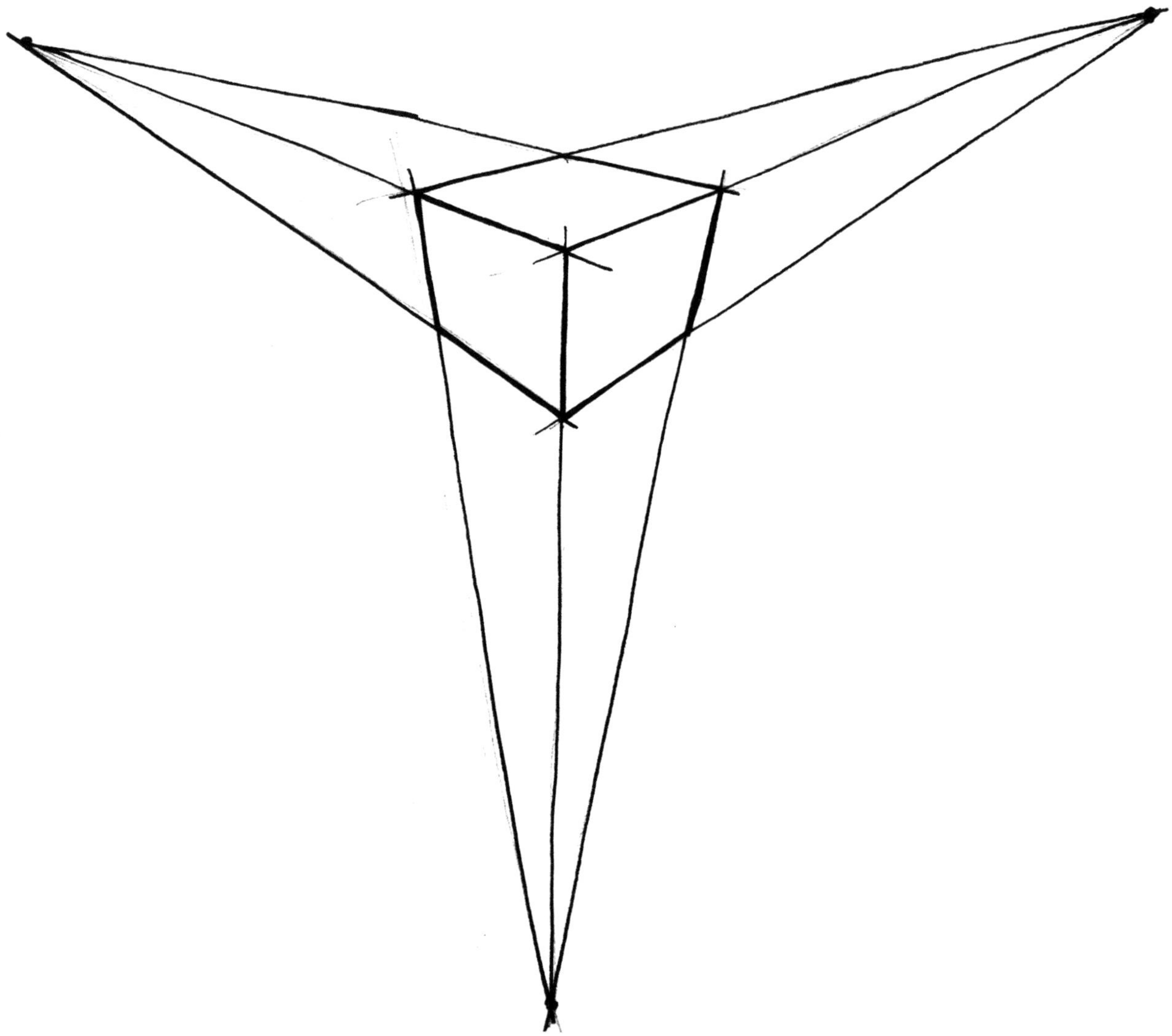

보는 각도가 다른 2점 투시

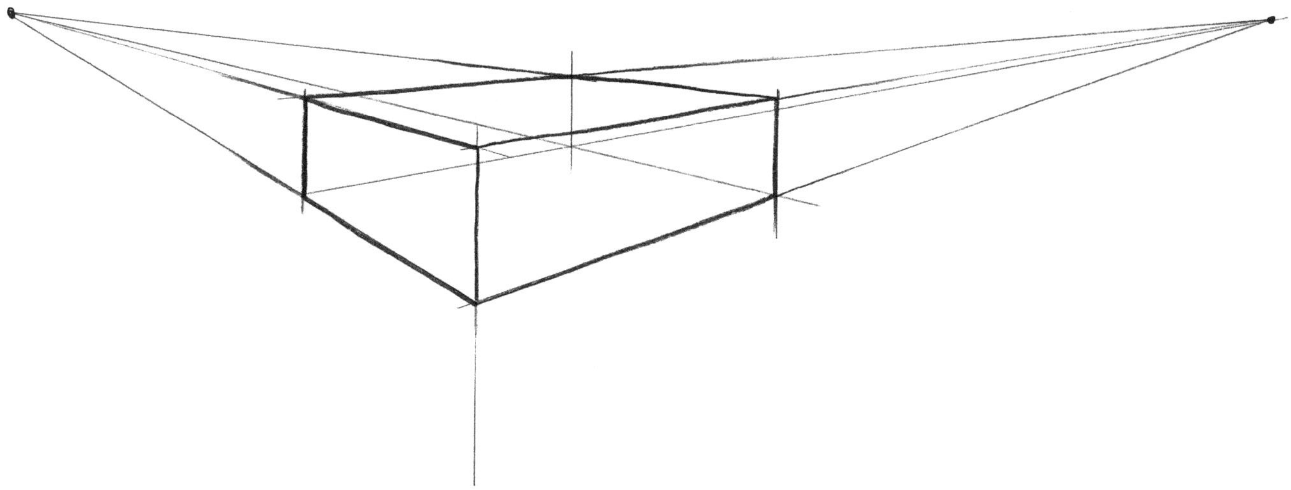

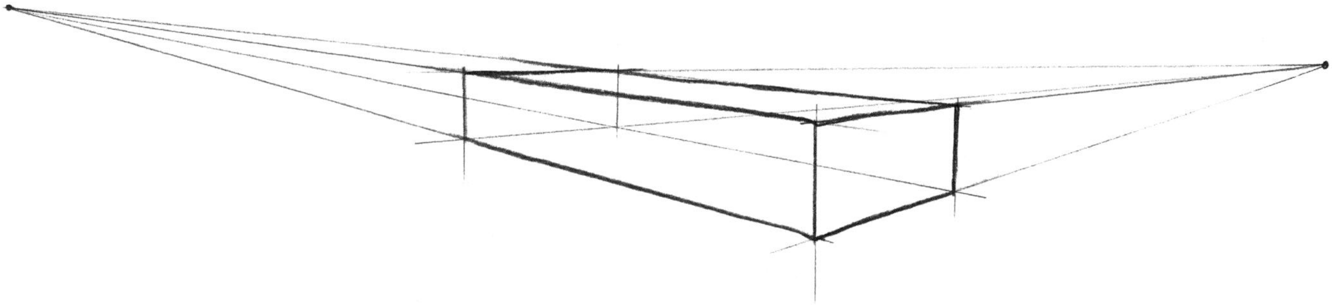

좌우의 시점은 같은 자리에 있어도, 보는 시점이 좌측으로 치우치느냐, 우측으로 치우치느냐에 따라 보이는 면의 크기가 달라진다.

보는 각도가 다른 2점 투시

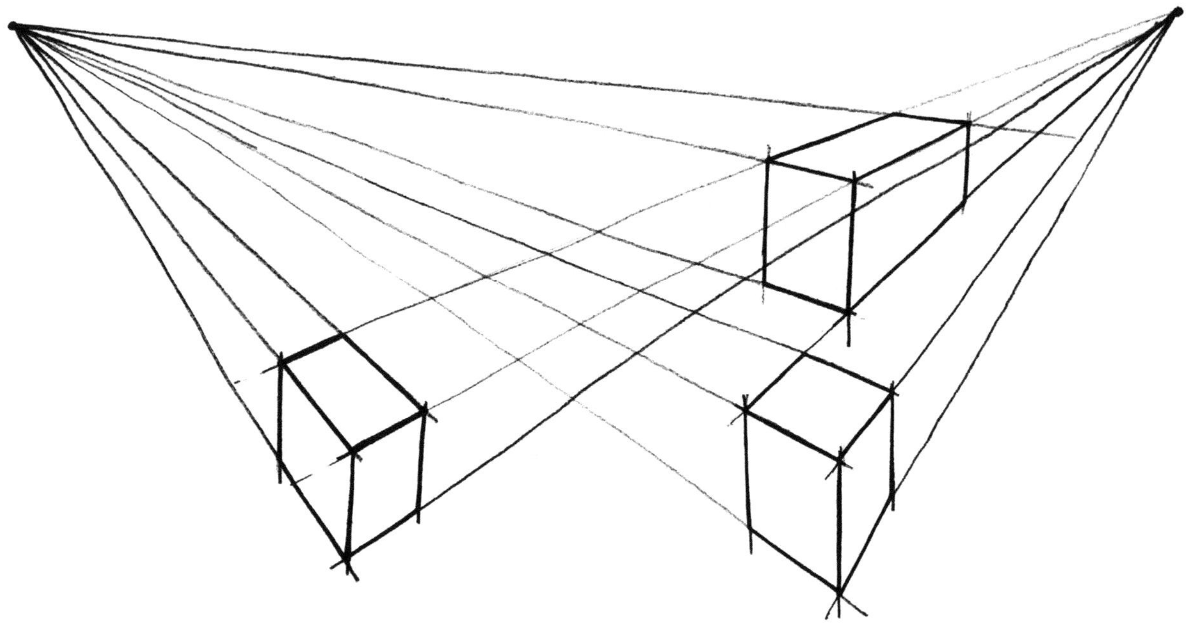

3. 육면체

육면체란 면이 6개인 입체를 말하며, 정육면체와 직육면체가 있다.
선과 선을 교체하여 그리는 방법은 주로 빠르게 그려야 할 때 사용하는데, 선의 교차점 뒤에 남는 선의 길이를 동일하게 해야 보기가 좋다. 선은 한 번에 그어야 하므로 긋기 전에 어디쯤에서 멈출 것인지를 생각하고 그려야 한다.

선을 교차해 육면체 그리기

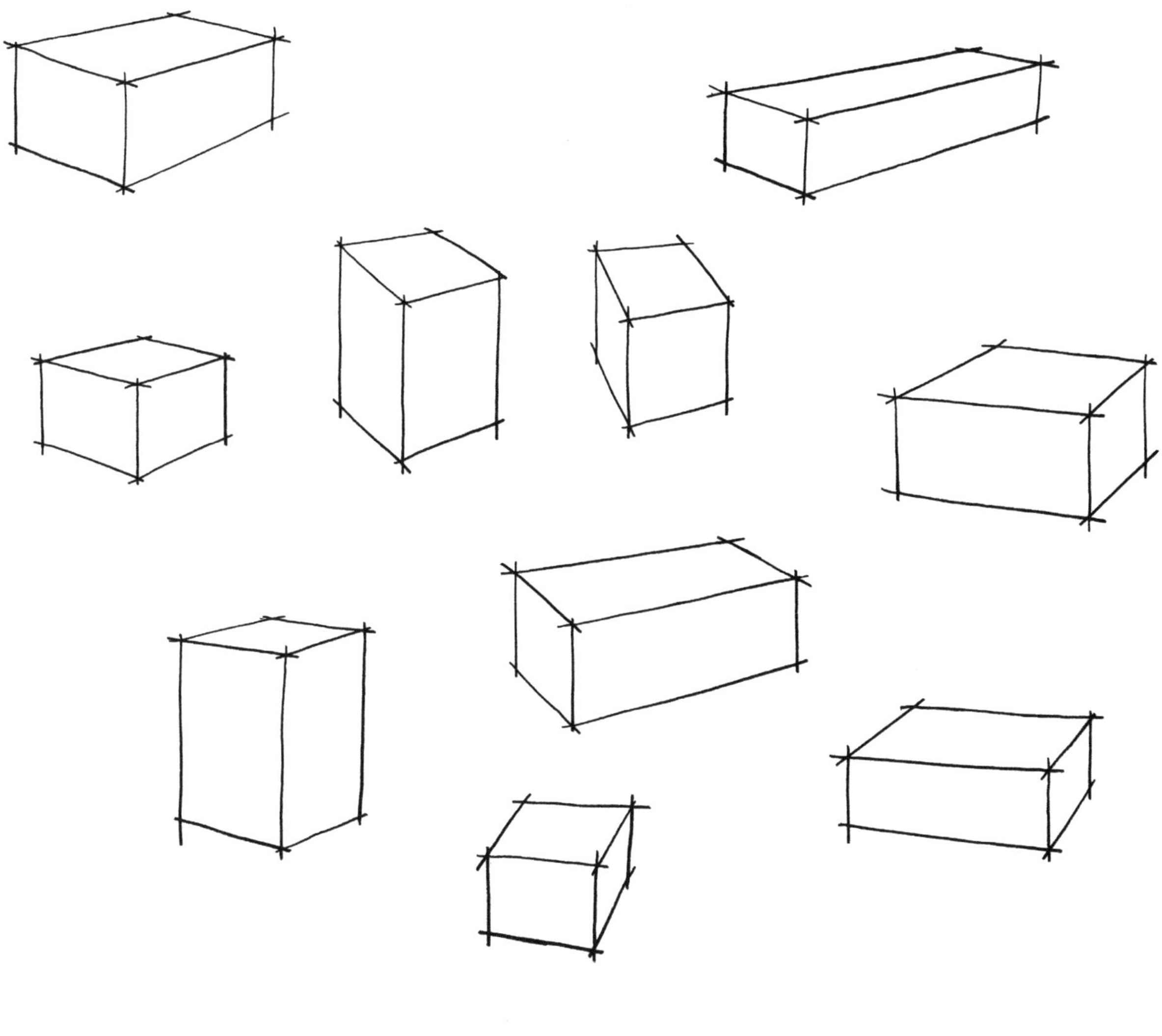

정육면체 그리기

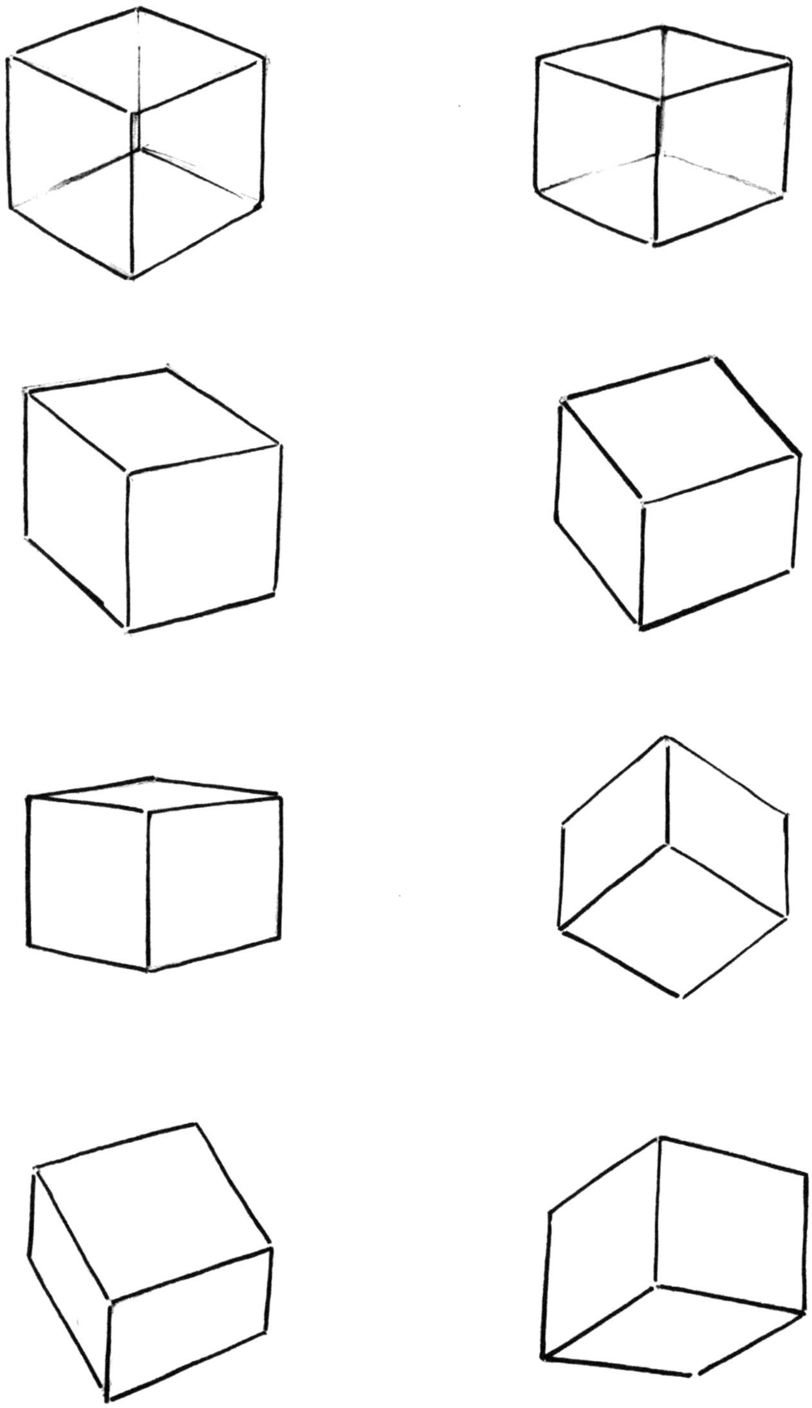

선을 교차하지 말고, 점에서 선이 마무리되도록 서로 다른 각도에서 보여지는 정육면체를 여러 개 그린다.

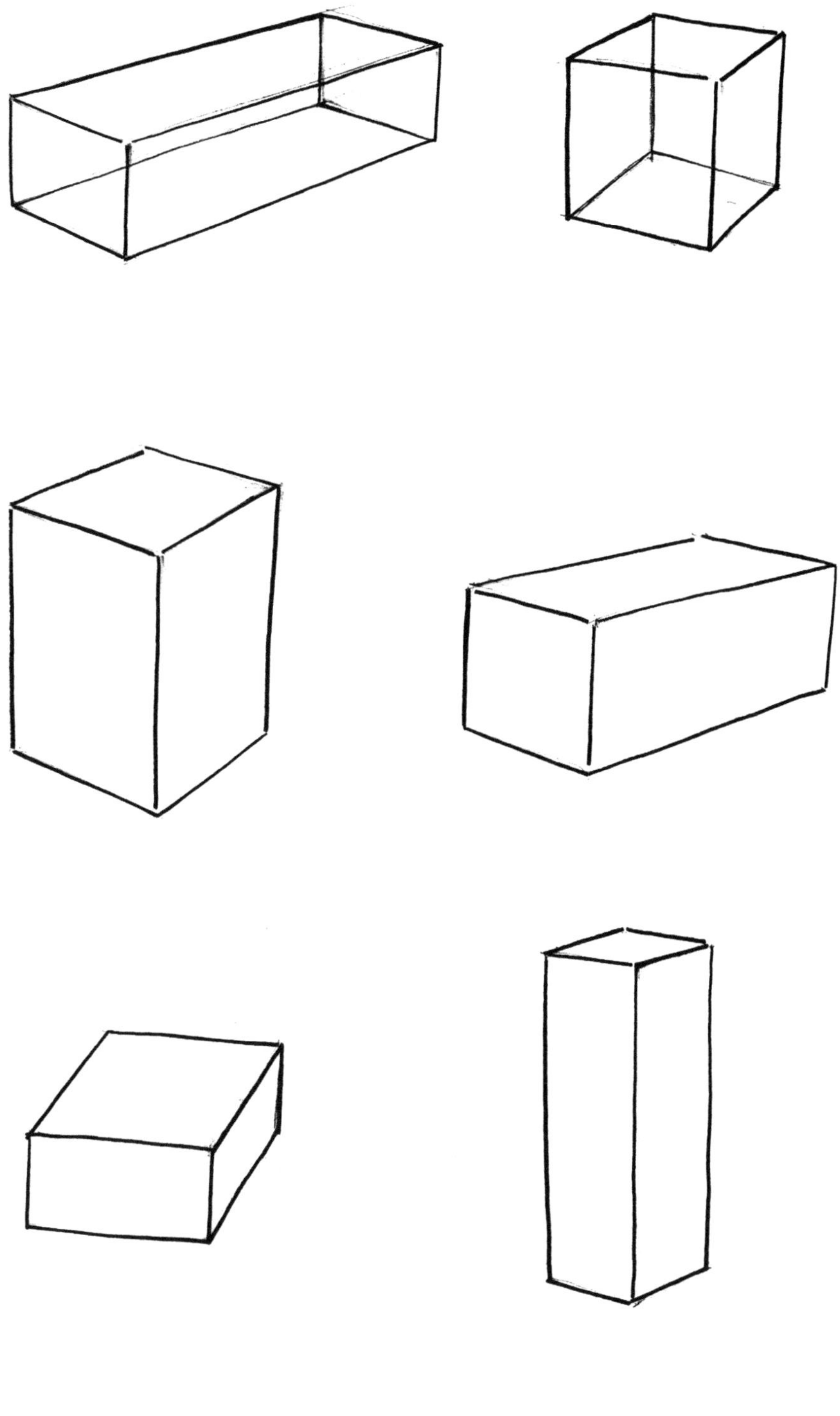

직육면체와 정육면체를 서로 다른 각도에서 표현한다.

육면체의 변형

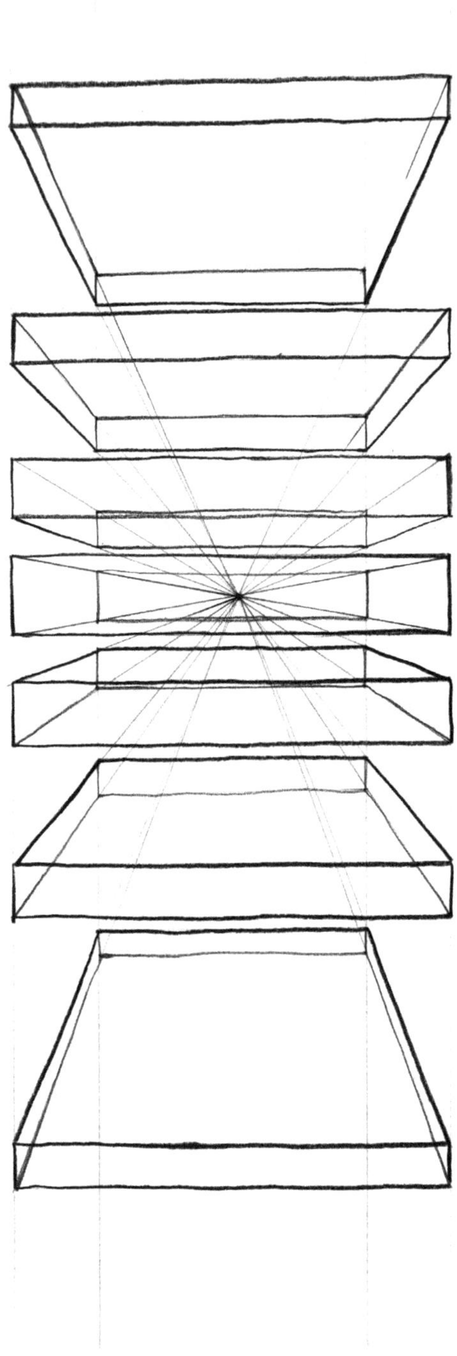

상자와 같은 육면체를 정면 또는 올려다보거나 내려다보는 각도에 따라 표현하는 방법을 익힌다. 같은 물체이므로 크기를 동일하게 하기 위하여 좌우의 보조선을 내려 긋고 시작한다.

4. 원기둥과 원뿔

정원은 보는 각도에 따라 얇거나 두꺼운 타원으로 보여진다. 같은 크기의 원이 계속 연결되어있는 용수철을 그리기 위해서는 먼저 좌우에 보조선을 그리고 시작한다. 종이를 돌리지 말고 그대로 둔 상태에서 위에서 아래로 타운의 두께가 점점 두꺼워지도록 그린다.

용수철 그리기

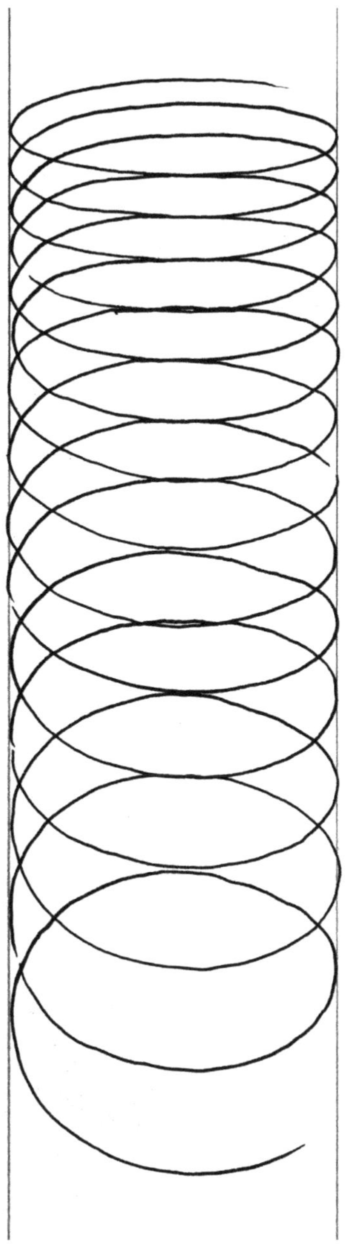

사각형 안에 원을 그릴 때는 먼저 대각선을 그려 사각형의 중심을 찾는다. 그리고 중심점을 지나는 수평과 수직선을 긋고, 원을 그린다.

육면체에 원 그리기

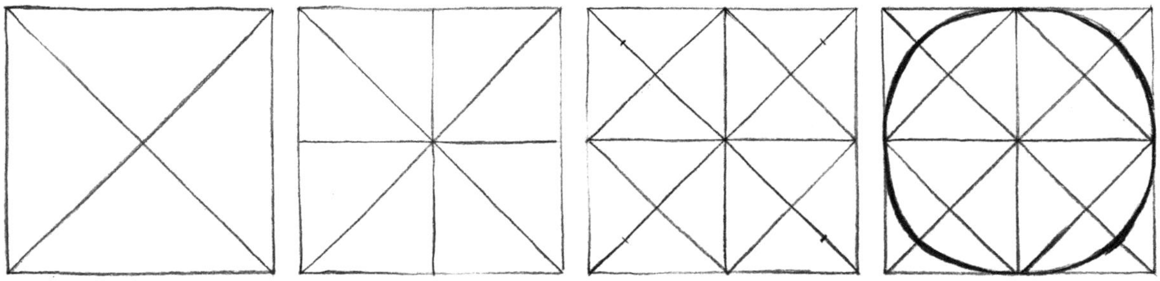

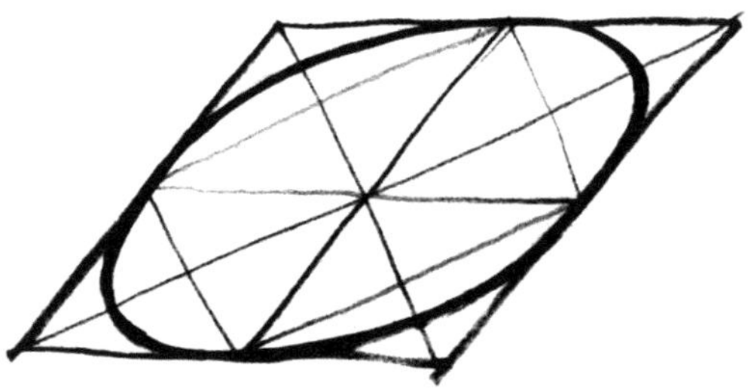

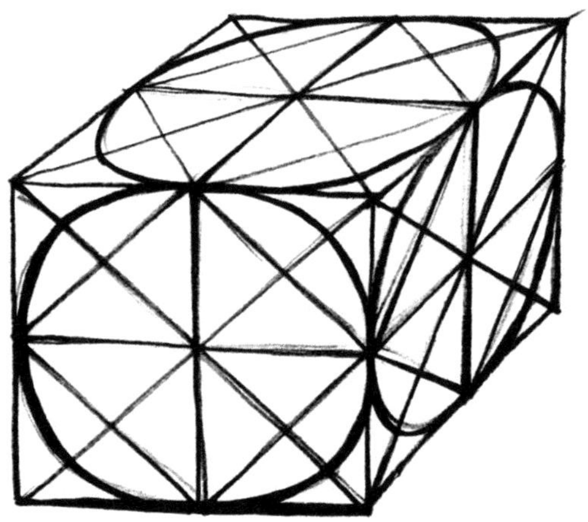

각도별 원기둥 그리기

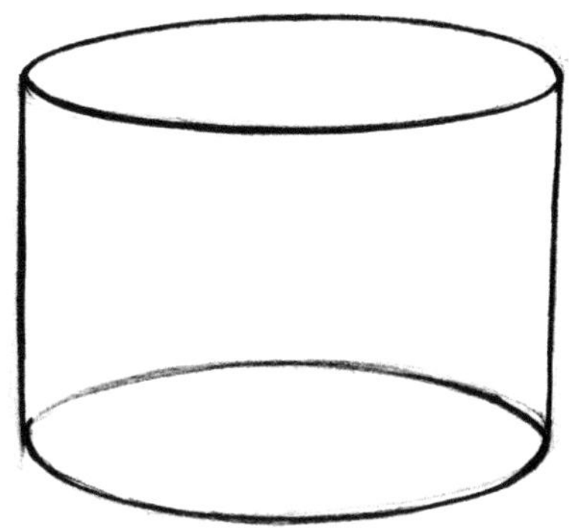

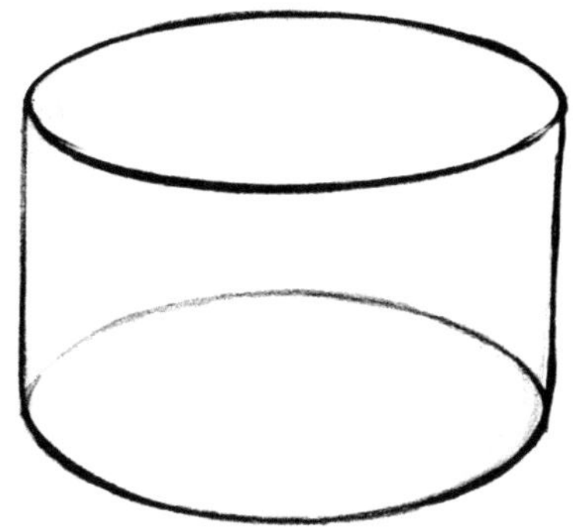

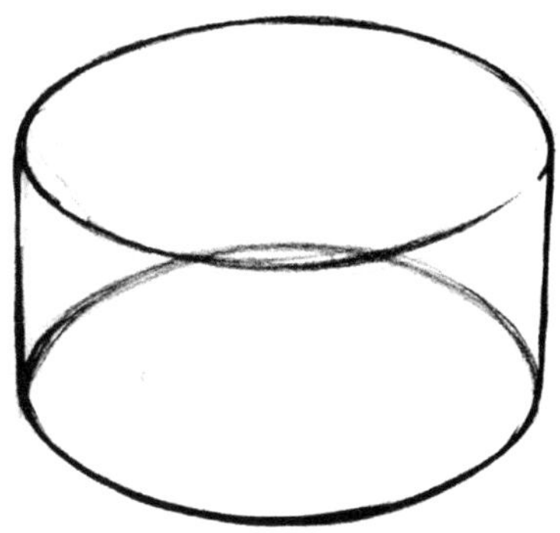

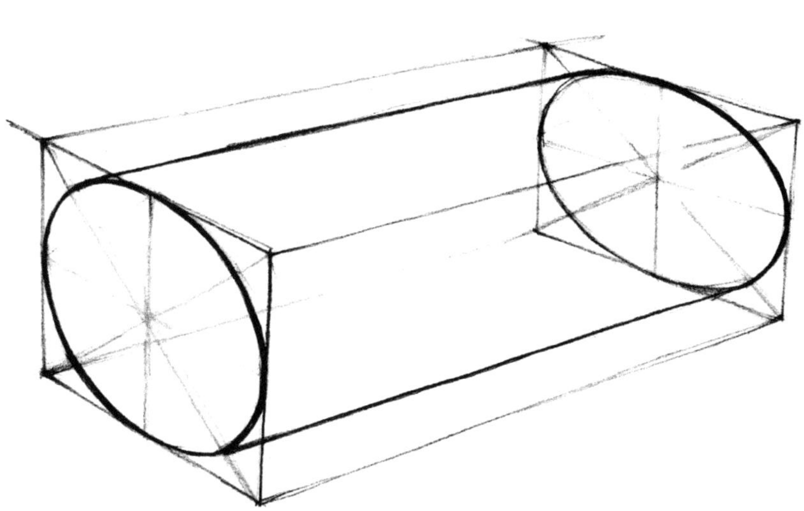

같은 크기의 원기둥이 보는 각도에 따라 윗면과 높이가 달라지는 것을 표현한다. 또한 원기둥이 가로로 뉘어진 상태를 보조선을 사용하여 육면체에서 그려낸다.

각도별 원기둥 변형

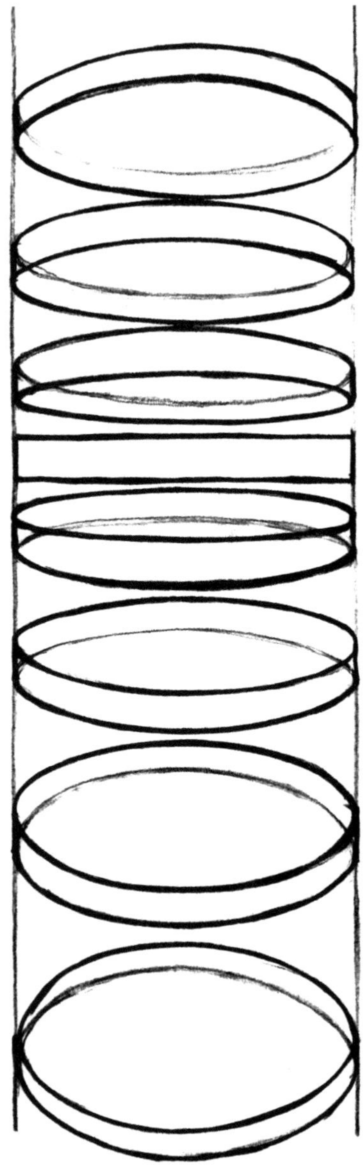

각도별 원기둥의 원리와 동일하게 원기둥을 보는 각도에 따라 다르게 표현한다. 정면에서는 위와 아랫면이 안 보이므로 원기둥의 높이인 사각형만 보인다. 원기둥이 아래로 내려 갈수록 윗면인 원이 정원에 가깝게 되며, 반면에 원기둥의 높이는 낮아진다.

원뿔 그리기

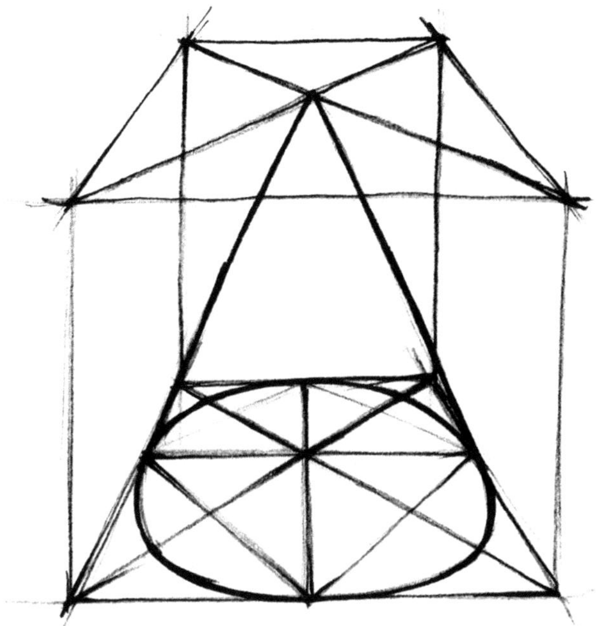

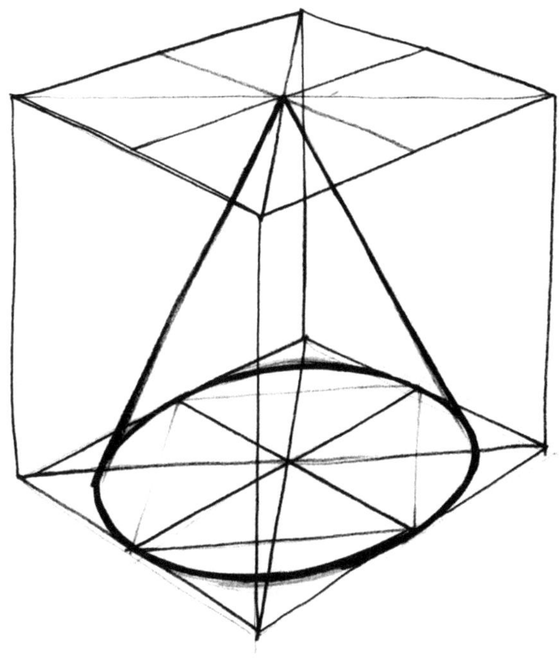

보조선으로 흐리게 육면체를 그린 후 그 안에 들어가는 원뿔을 그린다. 원뿔이 그리고자 하는 목표이므로 그 외의 보조선들은 되도록 흐리게 그려 원뿔이 명확하게 보이도록 한다.

5. 응 용

응용편에서는 다양한 도형을 표현하거나, 하나의 덩어리를 여러 개로 쪼개는 등 다양한 도형을 표현하는 기술을 습득한다.

상자쌓기

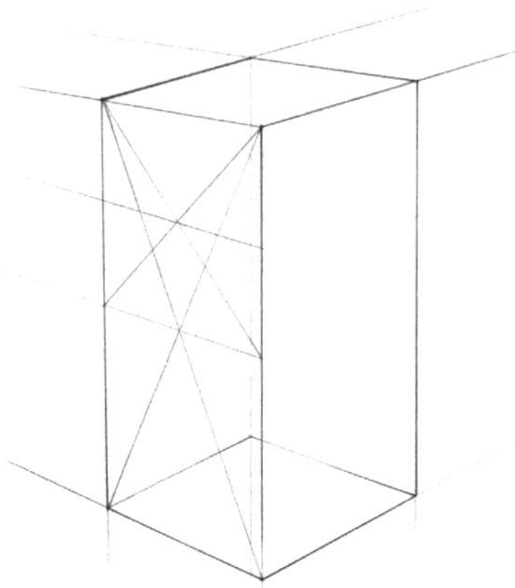

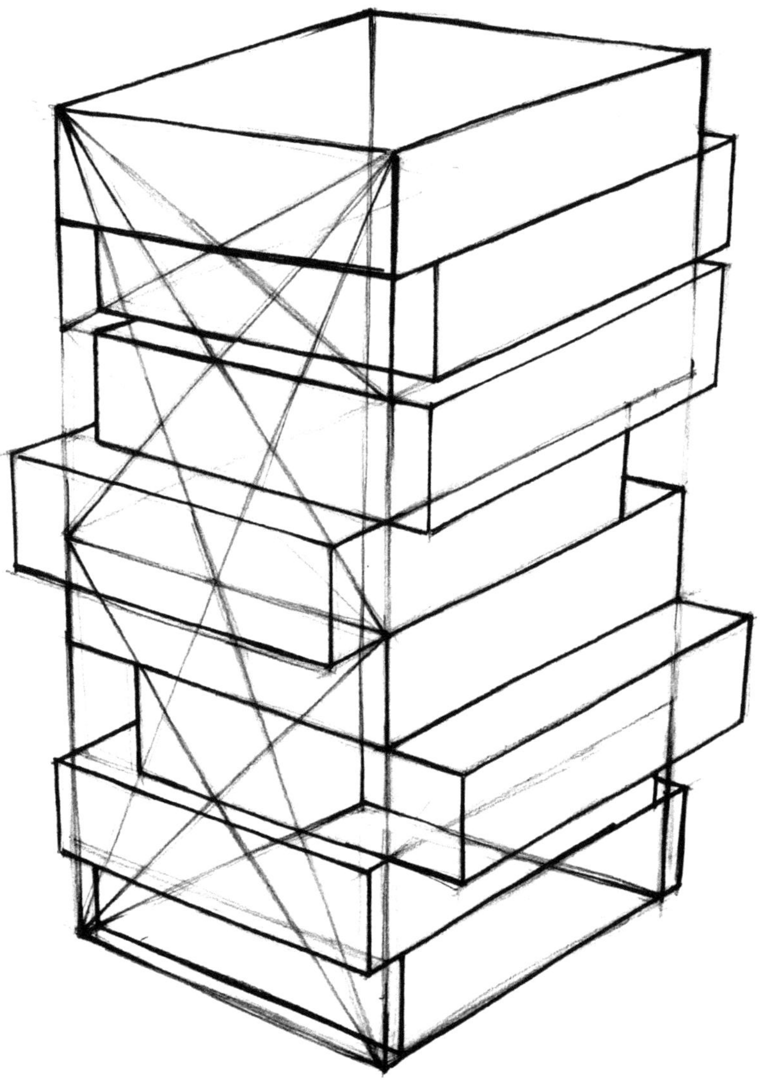

여러 개의 상자를 들쑥날쑥하게 쌓은 모습을 그린 것으로 여러 각도에서 어떻게 보여지는지를 알 수 있다. 먼저 한 면의 중심을 찾아 위에 4개 아래에 4개의 상자를 그리도록 한다. 상자를 나눠 나갈 때 2점 투시를 잊지 말고, 선을 긋도록 한다.

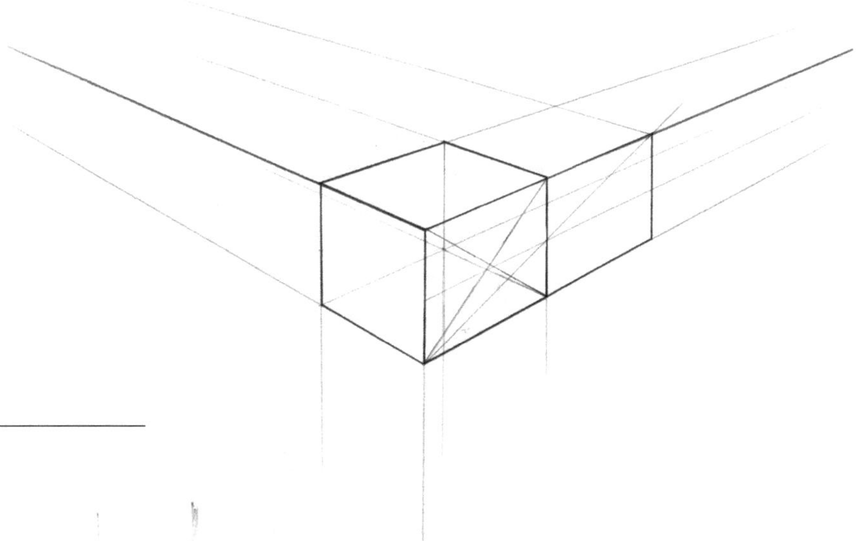

유닛 확장

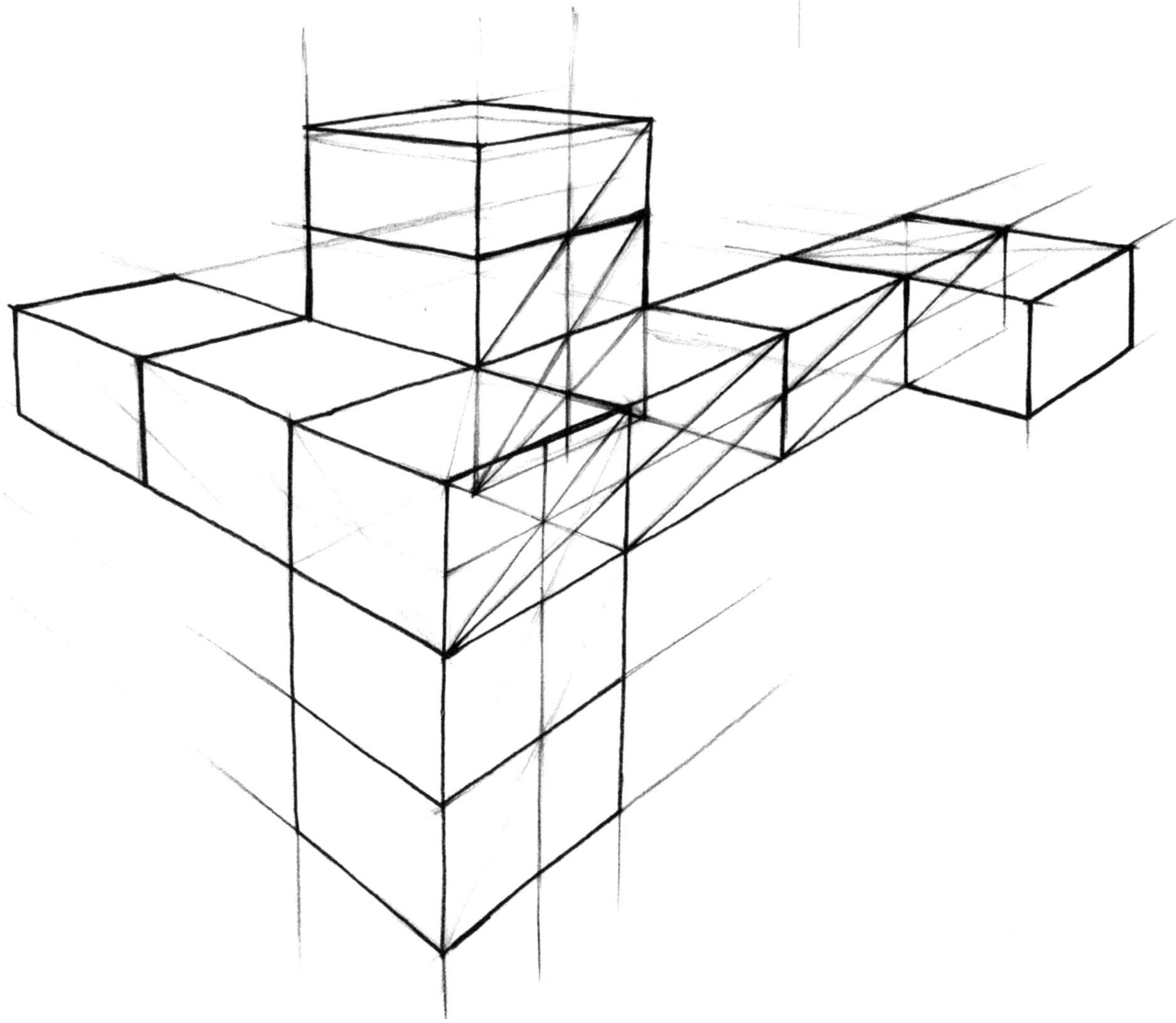

도화지의 정 가운데에 육면체를 그리고, 위 · 아래 또는 앞 · 뒤 · 옆으로 같은 유닛이 확장되어 가는 것을 투시도법에 근거하여 그려본다.

다양한 도형

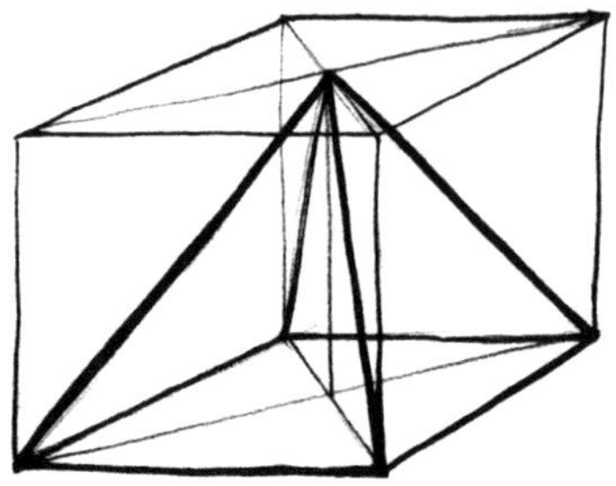

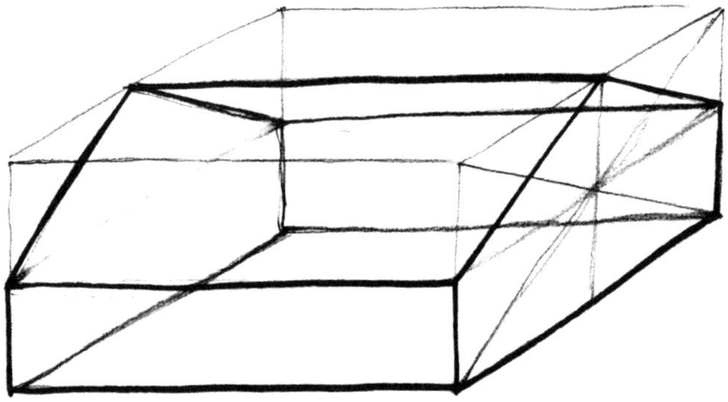

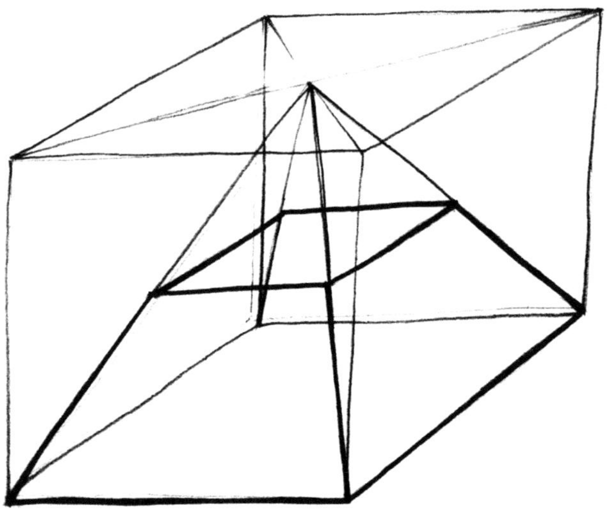

보조선으로 육면체를 그린 후 그 안에서 사각뿔, 집 모양 등 다양한 형태의 도형을 그려본다.

원기둥 세로로 자르기

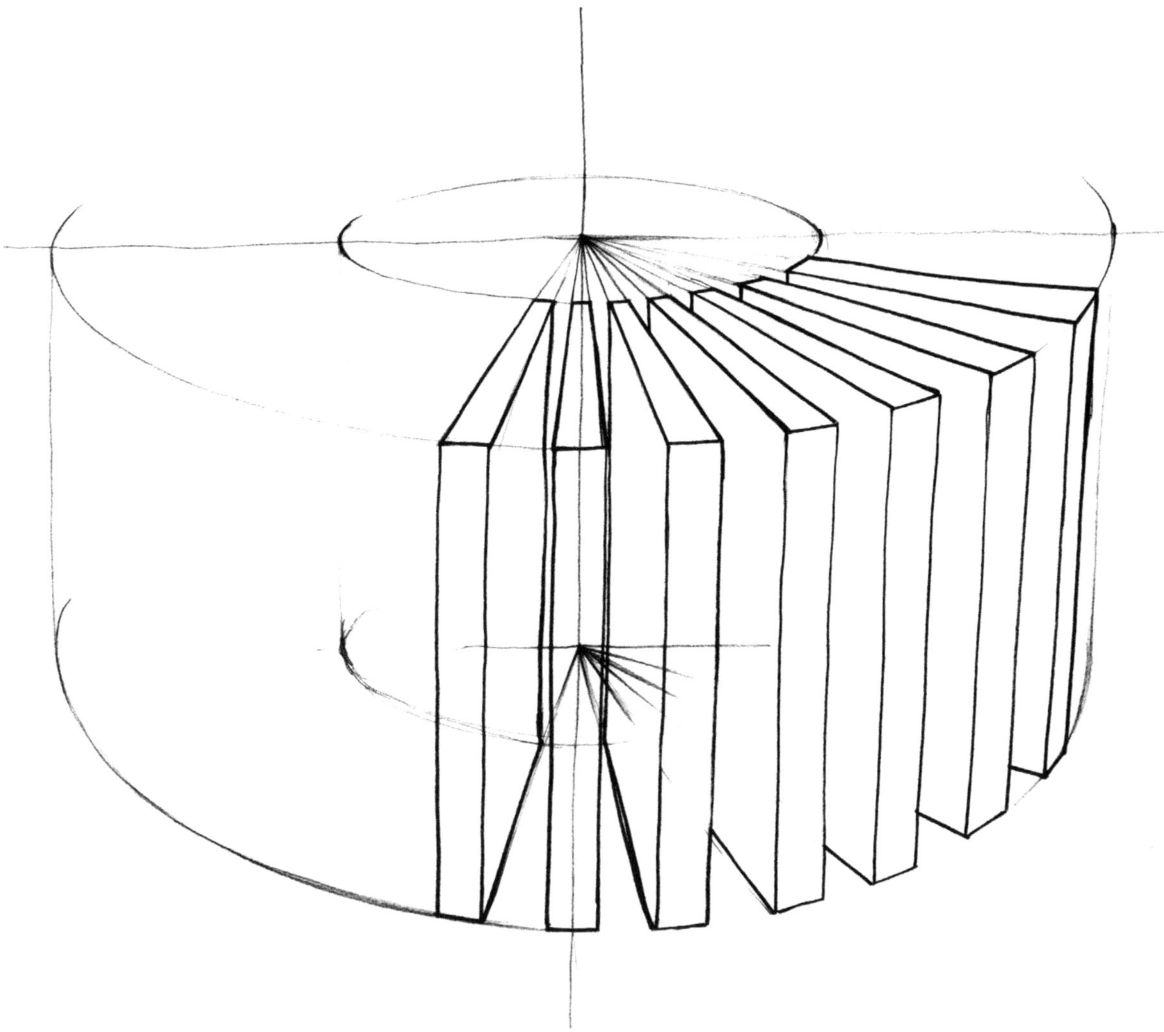

보조선으로 원기둥을 그린 후 책을 세워 놓은 듯이 중심에서 좌우로 잘라나간다. 좌·우에 잘라진 조각의 개수가 같고, 두께도 같으나 원기둥의 느낌을 살려야 하므로 중심에서 가장자리로 돌아가는 조각들이 원근감이 나도록 두께를 조절한다. 또한 조각들 사이의 간격도 가장자리로 가면서 좁아지도록 한다.

도면

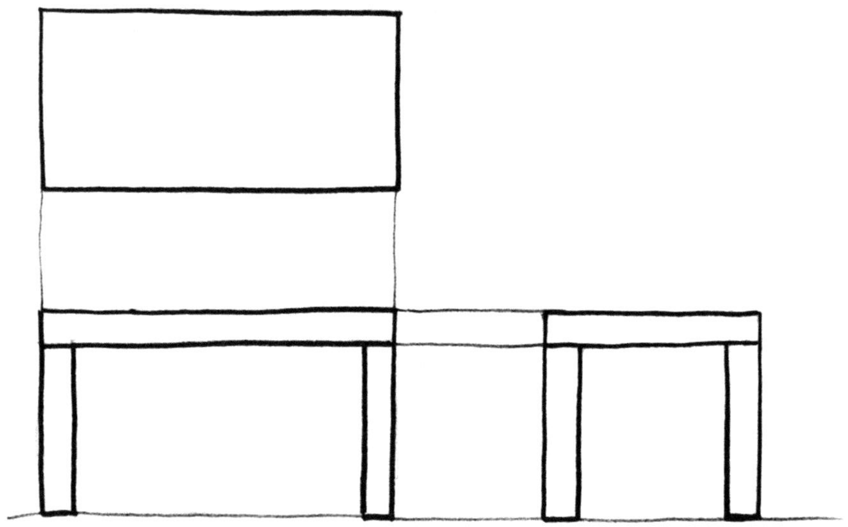

위의 도면을 보고 어떠한 형태인지 투시도로 그려본다.

입체와 도면

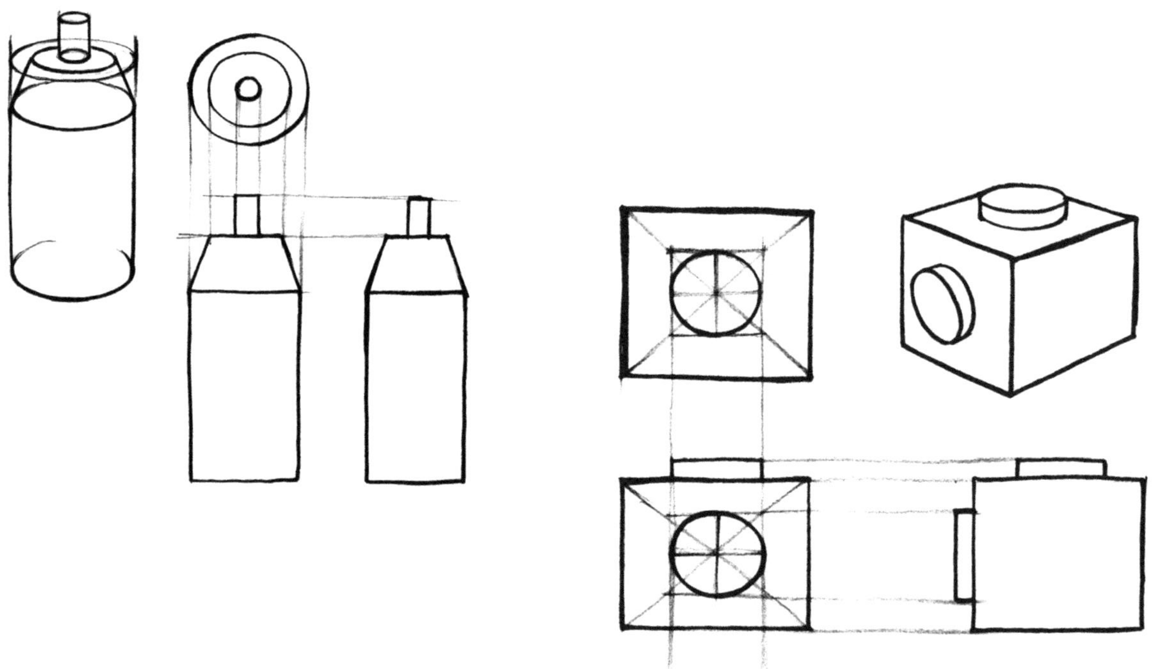

반대로 입체를 보고 도면화하는 연습을 한다.

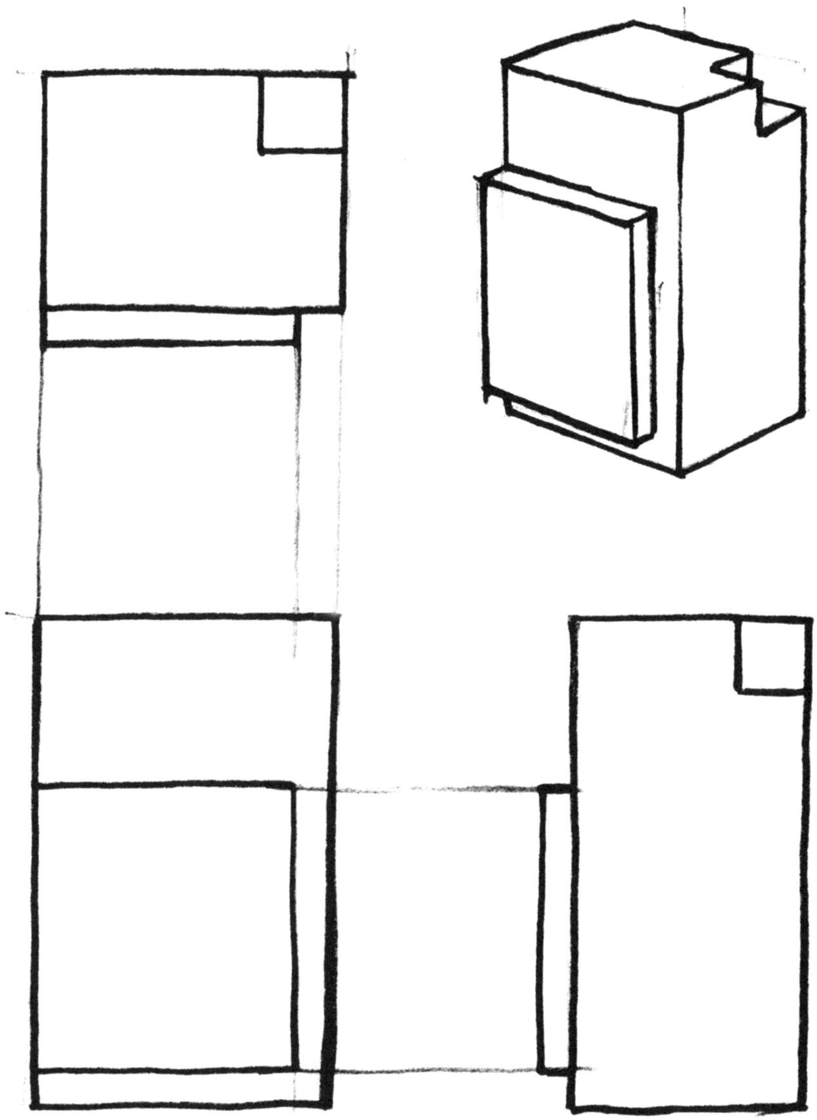

6. 명 암

명암은 물체의 입체감을 극대화시키는 효과를 갖고 있으므로 드로잉에 있어서 기본적인 명암표현 방법을 익힐 필요가 있다. 명암은 점, 선으로 표현될 수 있으며, 명암의 진하기도 다양하다. 그림자는 물체가 바닥에 놓여진 상태를 꼭 표현해야 하거나 배경과 물체가 분리되어 보이지 않을 때 효과적이므로 그려야 할 때와 아닐 때를 구분해서 표현한다.

육면체, 원기둥, 구 명암넣기

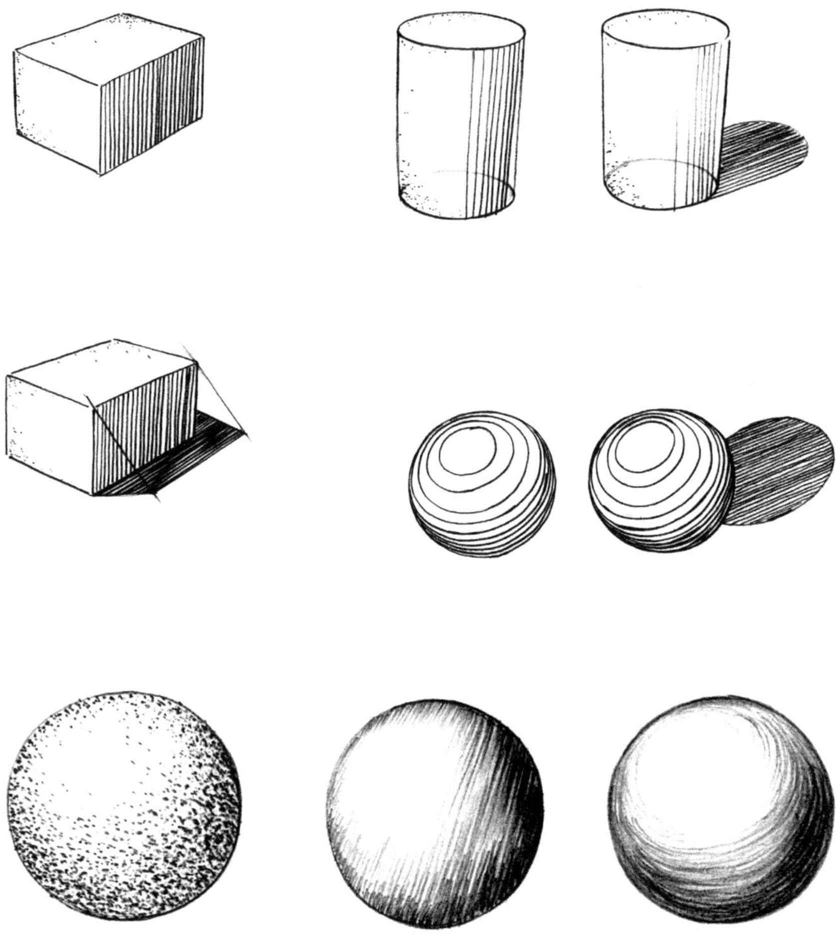

원뿔과 원기둥 명암

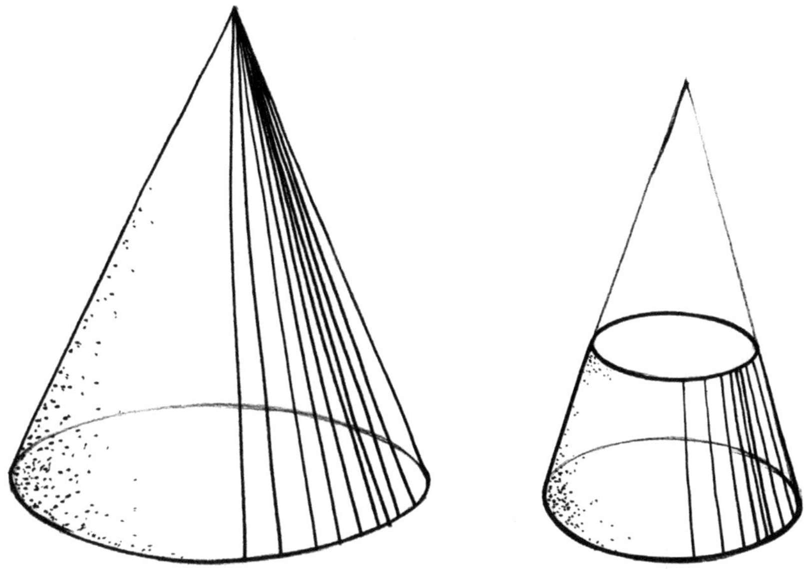

가구

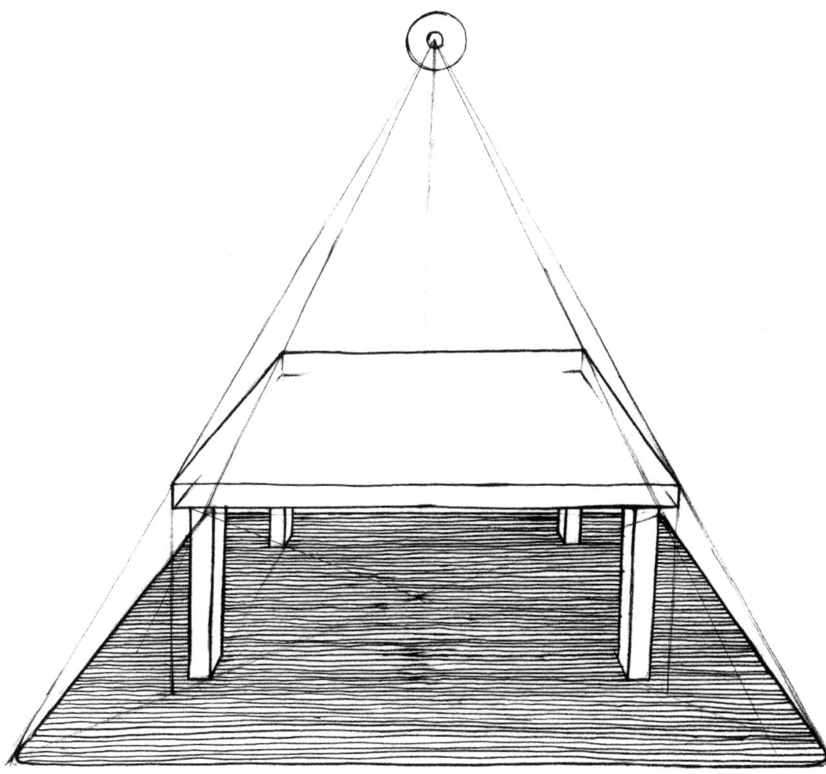

반사광

생활용품 드로잉

물체를 보고 드로잉할 때는

첫째로 형태와 재질 측면에서의 특징을 살펴야 한다.

둘째로 가로, 세로, 높이의 비례를 파악해야 한다.

셋째는 물체를 어떻게 놓고 그려야 하는지 판단해야 한다. 연필은 바닥에 뉘여 있는 모습이 일반적인데, 이것을 세워진 상태로 그리면 어색하다. 또한 앞면을 그려야 하는데 뒷면을 그린다거나, 다리에 특징이 있는 탁자를 그릴 때, 상판이 많이 보여 다리가 거의 가려지게 그리면 물체의 특징을 표현하기 어렵기 때문이다.

물체를 그리기 전에 그것이 들어가는 상자 틀을 비례에 맞게 그려야 하며, 윗면에 묘사할 것이 많은 경우에는 윗면이 많이 보이게 하며, 왼쪽 측면에 그릴 것이 많으면, 왼쪽이 많이 보이는 각도로 그린다. 묘사할 것이 한 쪽으로 치우치지 않고 골고루 퍼져있거나 일반적인 물체는 육면체의 중심인 Y의 윗면 각도가 120~130°가 되도록 벌리는 것이 보기에 좋다.

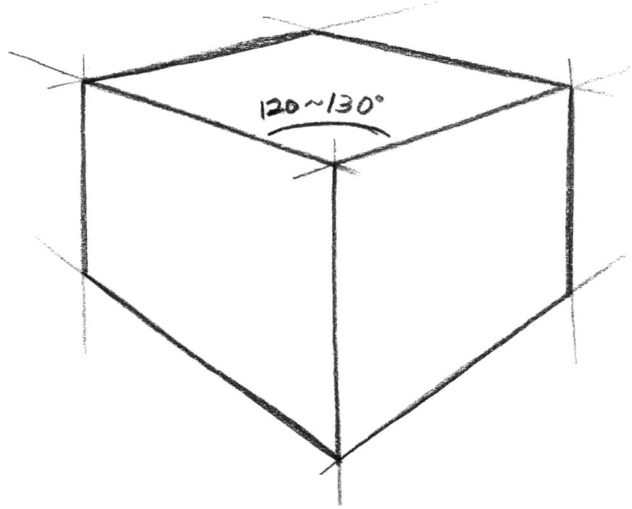

1. 종이컵

종이컵은 원기둥의 변형으로 아래가 좁아지는 형상이 특징이다. 가로, 세로, 그리고 높이의 비례를 맞추어 그려야 하며, 위에서 내려다 볼 때, 컵의 입구 쪽이 바닥의 원보다 시점에 가까우므로 바닥보다 더 얇은 타원으로 그려져야 한다. 즉 아래로 내려갈수록 정원에 가까워야 한다.

2. 우유곽

우유곽은 육면체의 변형으로 하나로 모아진 곽의 상단 부분이 특징이다. 곽이 모두 들어갈 수 있는 육면체의 테두리를 먼저 그린 후 비례에 맞게 상부와 하부를 자른다. 맨 꼭대기의 양쪽 면이 모여지는 부분은 두께를 반드시 표현하여 입체감을 살려야 하며, 보조선은 항상 흐리게 그려 드로잉의 청결을 유지하도록 한다.

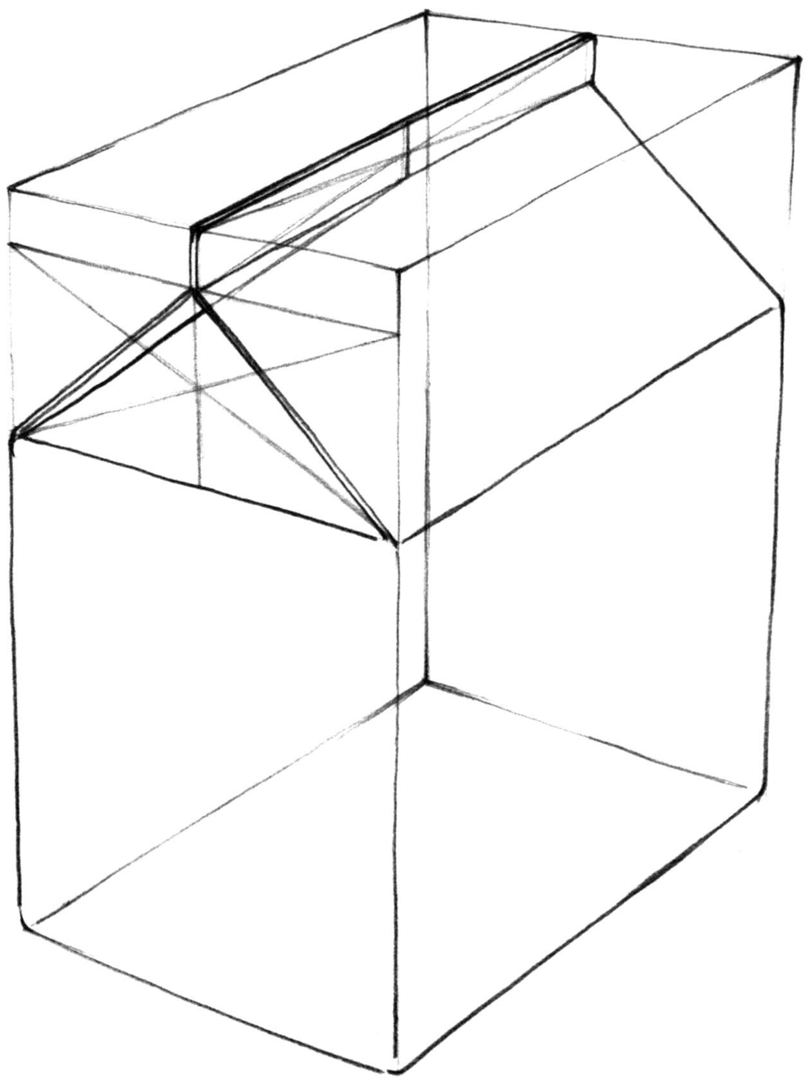

3. 수첩

직육면체에 가까워 그리기 쉬운 소지품이다. 육면체의 틀을 보조선으로 그리고, 종이가 묶여 있는 왼쪽 끝을 둥글게 처리한 것이 제품의 특징이다.
우리가 사용하는 모든 생활용품은 칼과 가위를 제외하고는 날카롭지 않고 부드럽다. 칼도 손이 닿는 부분은 부드럽듯이 드로잉할 때 각이 날카롭게 표현되지 않도록 한다.

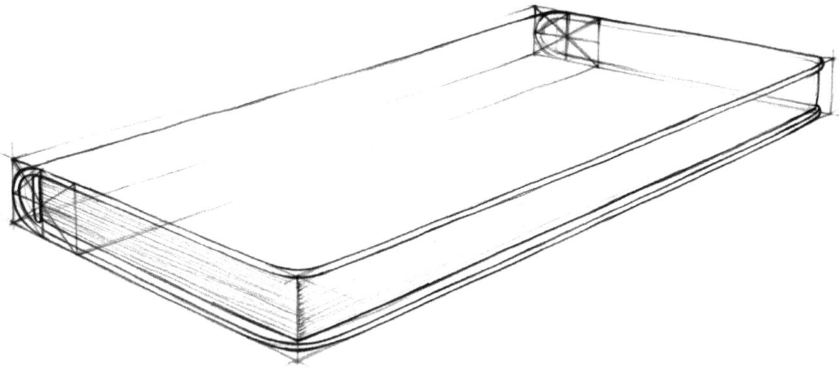

4. 필통

소지할 수 있는 필통으로 측면이 삼각형을 이루고, 이 삼각형의 형태로 인하여 바닥에 뉘여 있는 것이 아니라 서 있는 느낌이 특징이다. 재질은 두꺼운 비닐로 나무처럼 딱딱하지 않으며, 천처럼 부드럽지도 않게 그려야 하는 것이 어렵다.

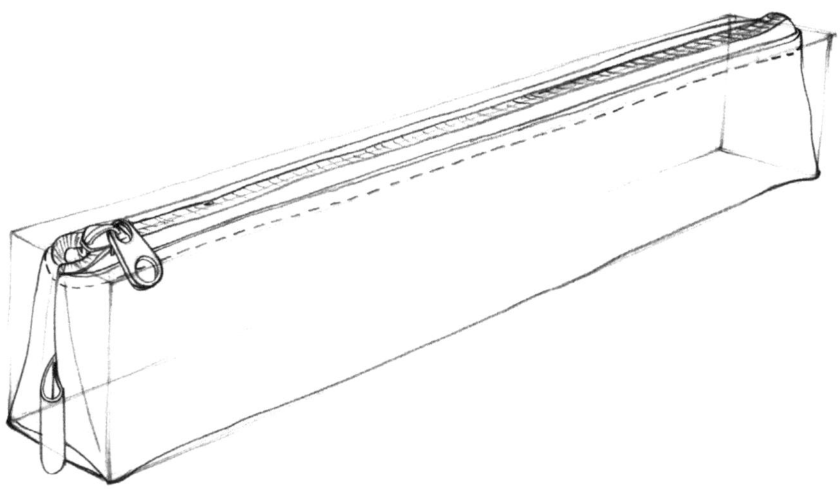

5. 스카치테이프

플라스틱으로 된 스카치테이프는 직선과 곡선이 혼합되어 있으므로 보조선을 사용하여 투시도가 틀리지 않도록 주의하며 그려야 한다. 가로, 세로, 높이의 비례를 파악하고, 육면체의 틀을 그린 후 테이프가 감겨 있는 큰 덩어리부터 잡아나간다.

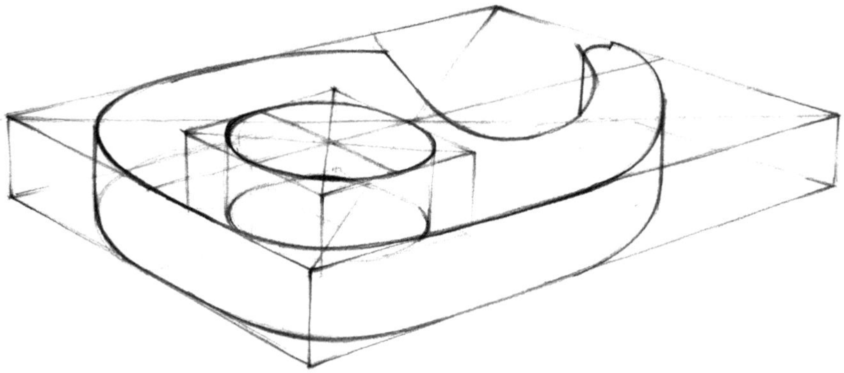

6. 만년필

원기둥의 변형으로 길이가 긴 것이 특징이며, 크게 뚜껑과 펜 부분으로 나누어져 있다. 두 부분의 비례에 유의하여 사각 틀을 잡고, 만년필의 고리부분이 가려지지 않는 각도에서 그린다.

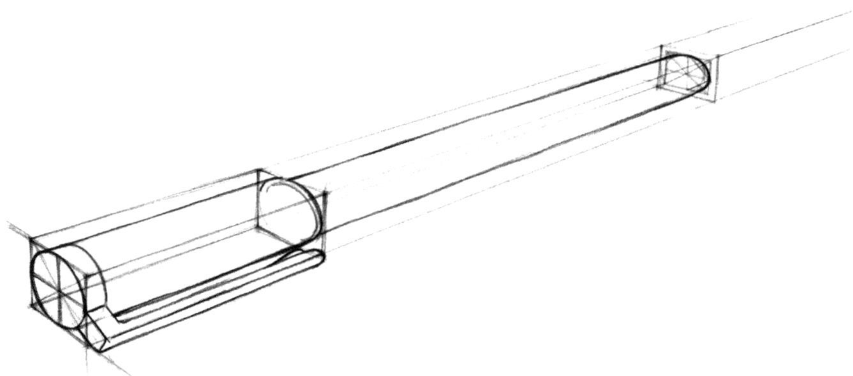

7. 핸드폰

육면체의 변형으로 대부분 직선이지만 부분적으로 표현하기 힘든 곡선이 가미되어 있으므로 기초과정에서는 쉬운 핸드폰을 모델로 하는 것이 좋다. 특히 모서리나 아래 부분으로 말려들어가는 곡선이 복합적으로 나타나는 핸드폰은 보조선을 정확하게 사용하여 오차를 줄여야 한다.

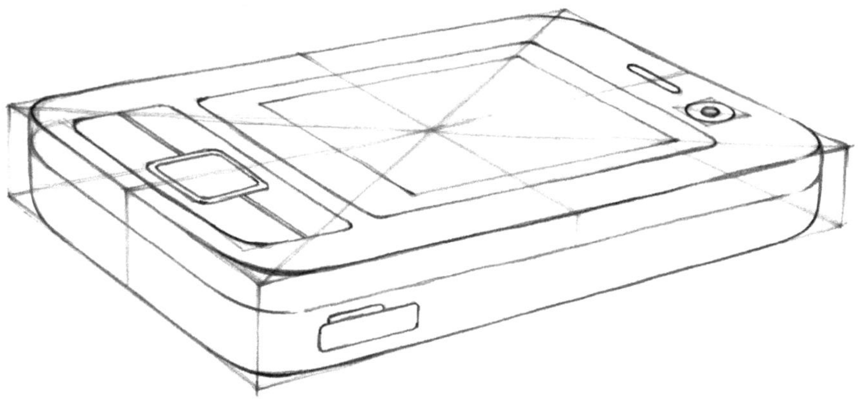

8. 가 위

손잡이는 플라스틱이며, 자르는 부분은 금속 재질로 딱딱한 느낌이며, 가로로 길다. 좌우대칭이 아니고, 자유곡선이 많아 드로잉하기에 매우 어려운 제품이다. 가위의 중심을 찾아 중심선을 긋고, 전체 형태 모양인 삼각형의 틀을 보조선으로 잡는다. 손잡이 부분과 자르는 부분의 비례에 유의하여 그린다.

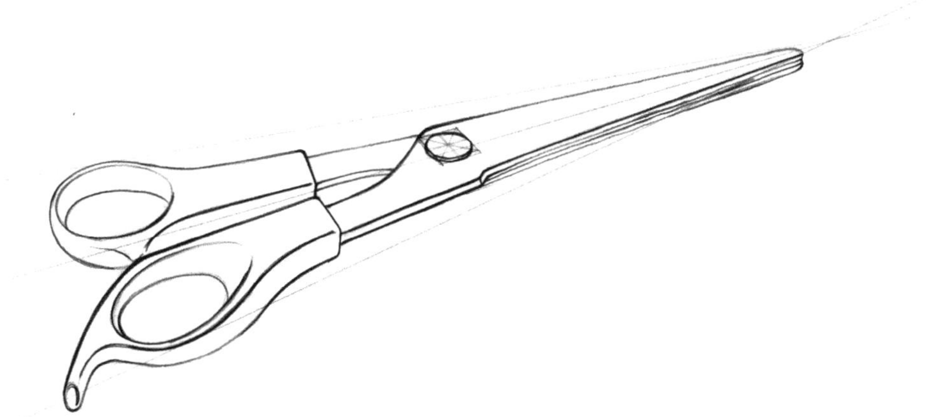

9. 화장품

핸드크림과 같은 튜브형 용기로 하단의 원기둥 형태가 상단으로 가면서 일자형으로 붙여지는 형상이 특징이다. 크게 두 부분으로 나뉘며, 하단은 단단한 반면, 상단의 재질은 부드러우므로 선을 다르게 표현해야 한다.

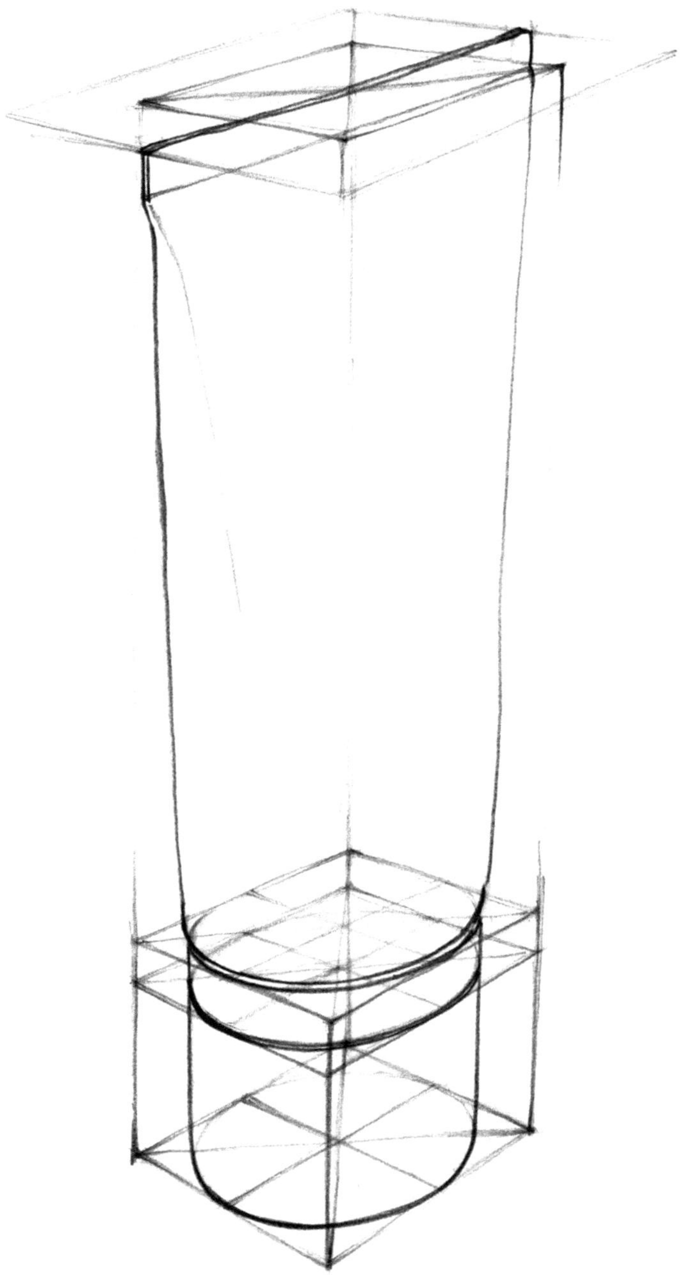

파우더케이스는 낮은 원기둥으로, 딱딱한 플라스틱 재질이다. 지면과 닿는 아래쪽으로 가면서 둥글게 말리는 것은 뚜껑과 아랫부분의 원 비례를 사각틀로 잡아놓고 그려야 정확하다.

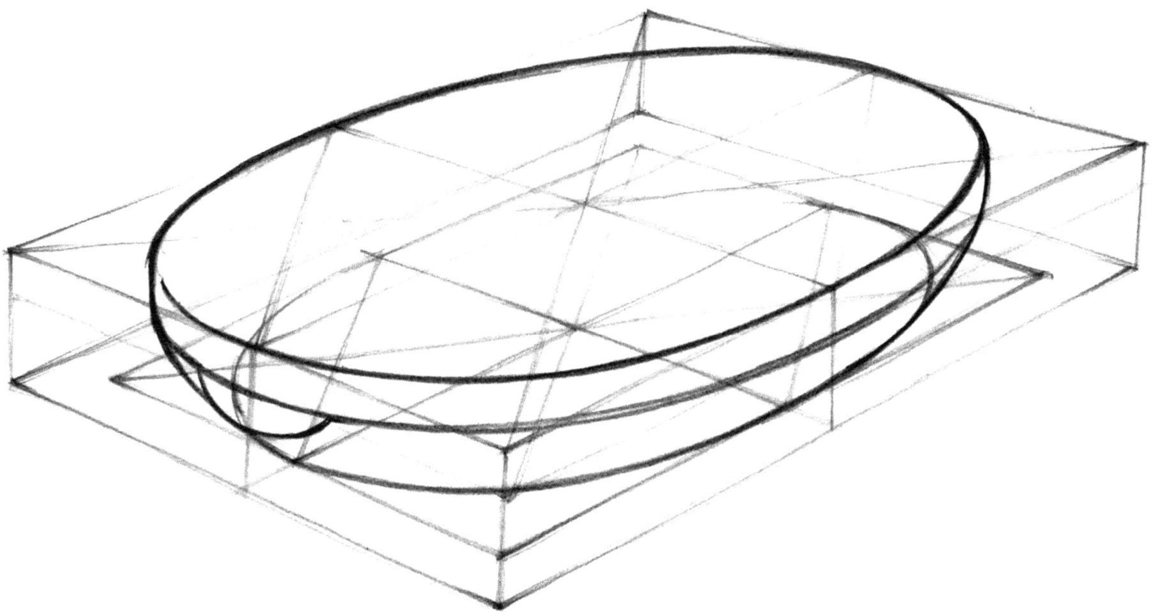

가구 드로잉

가구를 드로잉할 때는 3가지 유의할 점이 있다.

첫째, 비례에 맞게 그려야 한다.

비례에 맞게 그리기 위해서는 가구의 규격을 알아야 가구를 정확하게 표현할 수 있다. 즉 높이 400mm의 티테이블(Tea Table)이 높이 720mm의 식탁으로 보이지 않아야 한다. 가로로 긴 가구는 길게, 정육면체 가구는 정육면체답게 그려야 한다.

둘째, 정확한 투시도로 그려야 한다.

가구는 대부분 실내에 있으며, 육안에 들어오기 때문에 2점 투시도로 그리며, 책장이나 장롱처럼 높이가 큰 것은 3점 투시법을 약간 가미하여 표현할 수 있다. 투시도법에 맞지 않으면 가구가 찌그러지며, 올바른 형태로 그려지지 않는다. 특히 상판이나 좌판에 조립되는 다리의 위치를 잡을 때, 조립구조를 유념하여 그려야 한다.

셋째, 청결이다.

보조선은 육안으로 알아볼 수 있을 정도로만 흐리게 그리고, 보여지는 가구의 실선을 진하게 그려 입체감은 물론 그림이 명확하게 보여야 한다. 선의 진하기와 굵기를 조절하여 그리며, 지우개는 되도록 사용하지 않아야 하나 깨끗한 그림을 위하여 적절하게 사용할 수 있다. 그릴 때 손 아래 부분이 종이에 쓸려 그림을 뭉개지 않도록 주의하고, 지우개의 찌꺼기가 종이에 마찰되어 더러워지는 경우도 방지해야 한다.

1. 스툴Stool

스툴은 의자의 가장 기본구조인 좌판과 다리로만 구성되어 있으며, 의자의 역사상 최초 모습으로 추정되고 있다. 간이의자로도 불리는 스툴은 좌판의 형태가 다양하며, 다리는 1개에서 4개까지 디자이너의 의도에 따라 여러 개를 만들 수 있다. 주로 움직임이 많은 작업실에서 쓰이기 때문에 스툴의 앞 · 뒤가 없으며, 모가 난 것보다 둥근 좌판이 많이 쓰인다. 앉았다, 일어나는 동작이 빠르고, 용이하도록 일반의자의 높이보다 높으며, 단시간 앉아 있기 때문에 좌판의 크기는 일반의자 보다 작다.

종류에는 작업실에서 쓰는 스툴 외에도 바에서 쓰는 바스툴(Bar stool), 목욕탕에서 쓰는 낮은 스툴, 낚시터에서 쓰는 접이식 스툴 등이 있으며, 재료에는 목재가 가장 많이 쓰이며 플라스틱, 금속 등 다양하다.

스툴의 단점은 등받이가 없기 때문에 장시간 앉아 있을 경우, 허리가 앞으로 굽는 것이다.

○ **규격** : 350 x 350 x 500mm

버섯스툴

금속스툴

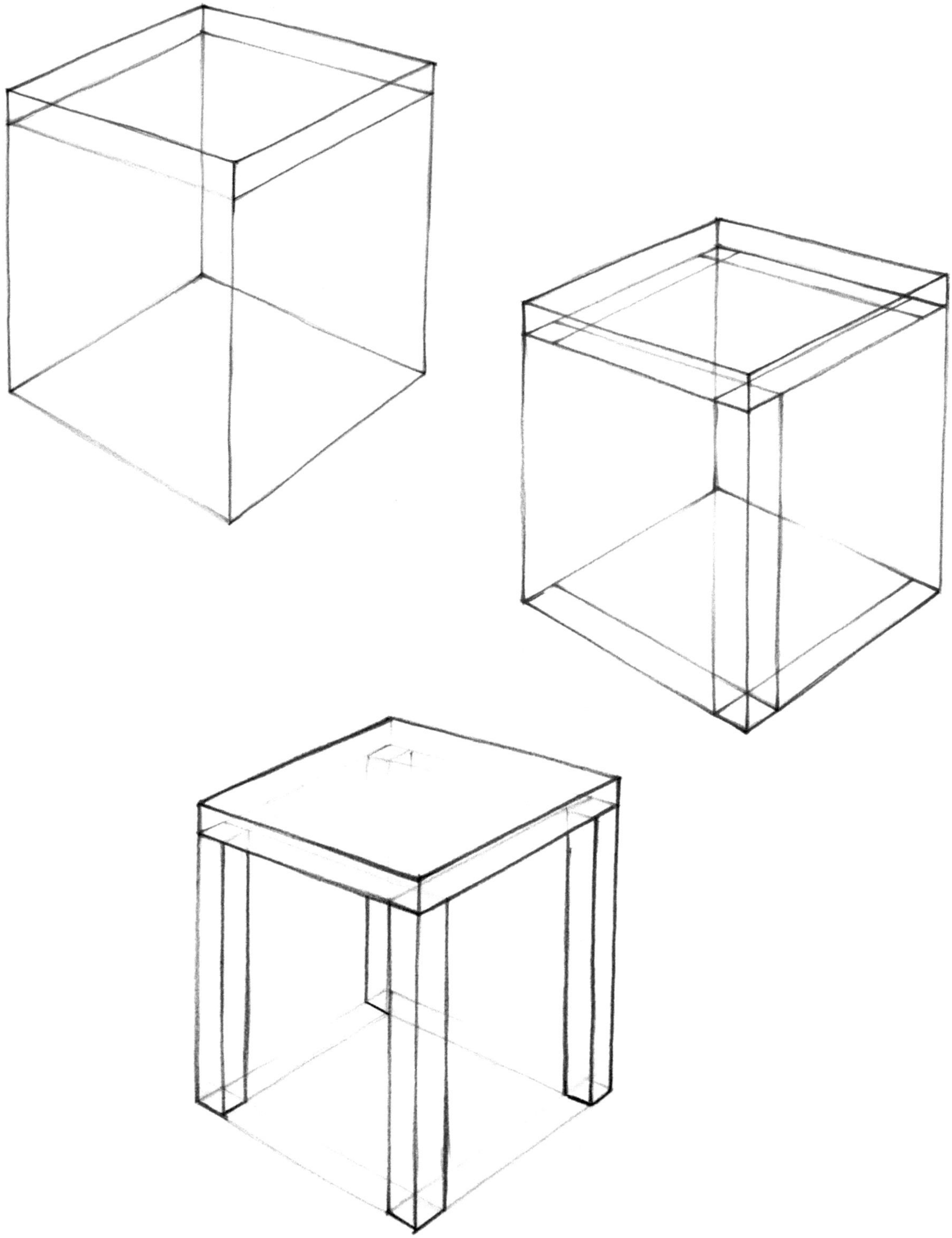

사각좌판에 다리가 좌판과 일자로 붙은 경우(과정 1, 2, 3)

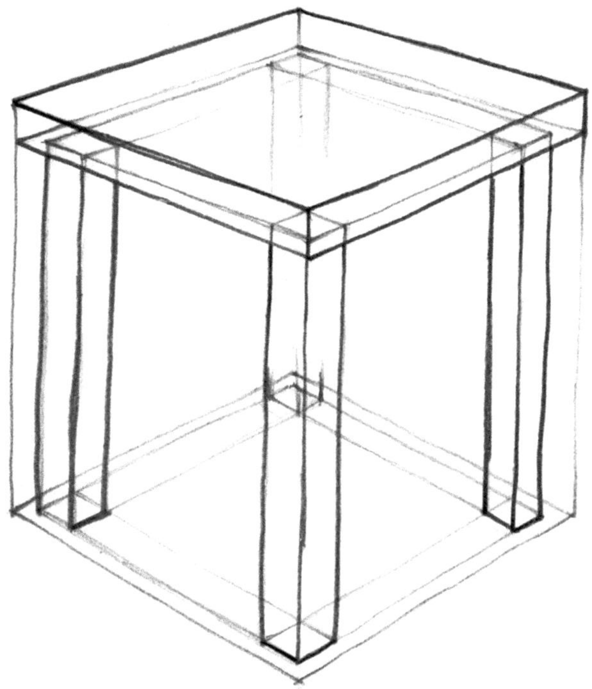

사각 좌판에 다리가 좌판 안으로 들어가 붙은 경우

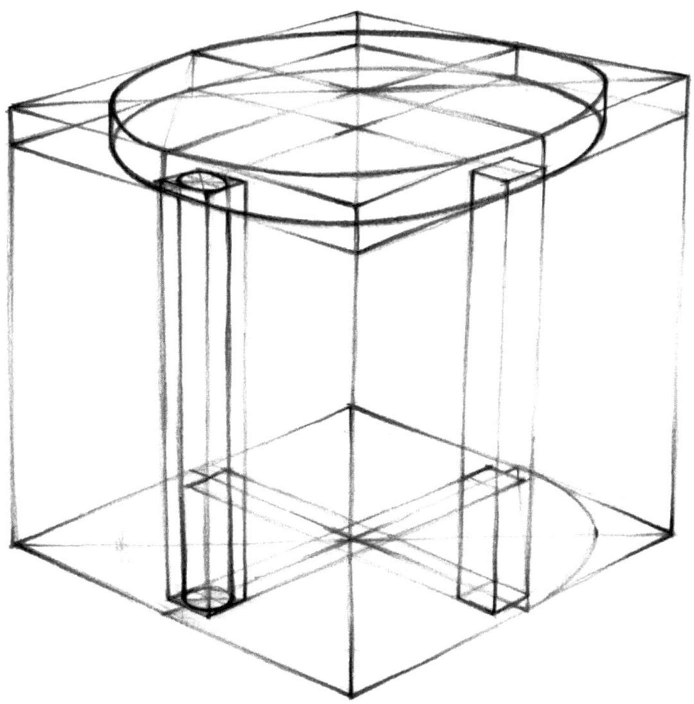

원형 좌판에 원통다리가 안으로 들어가 붙은 경우

자작스툴 그리기

자작스툴

2. 협 탁 Side table

사이드 테이블로도 불리는 협탁은 주로 침실의 침대 머리맡이나 거실의 소파 옆에 놓인다. 상판 위에는 조명등이나 화분 등의 장식품이 올려지기도 하고, 상판 아래에는 서랍이나 선반이 있어 작은 소품들을 수납할 수 있도록 되어 있다. 침대 옆에 놓인 협탁의 높이는 침대 매트리스의 높이와 비슷하나 소파 옆이나 벽쪽에 놓인 것은 높이가 800mm 정도로 높은 것도 있다.

○ **규격**: 500 x 350 x 450mm

엔틱협탁

모던협탁

엔틱협탁의 상판은 대부분 지붕처럼 경사가 있거나 곡선적이며, 다리가 길어 대체적으로 높이가 높으며 곡선으로 되어 있다. 이에 반하여 모던은 실용성이 강조되어 수납공간이 많은 박스형태가 대부분이다.

협탁의 서랍 앞판 형태

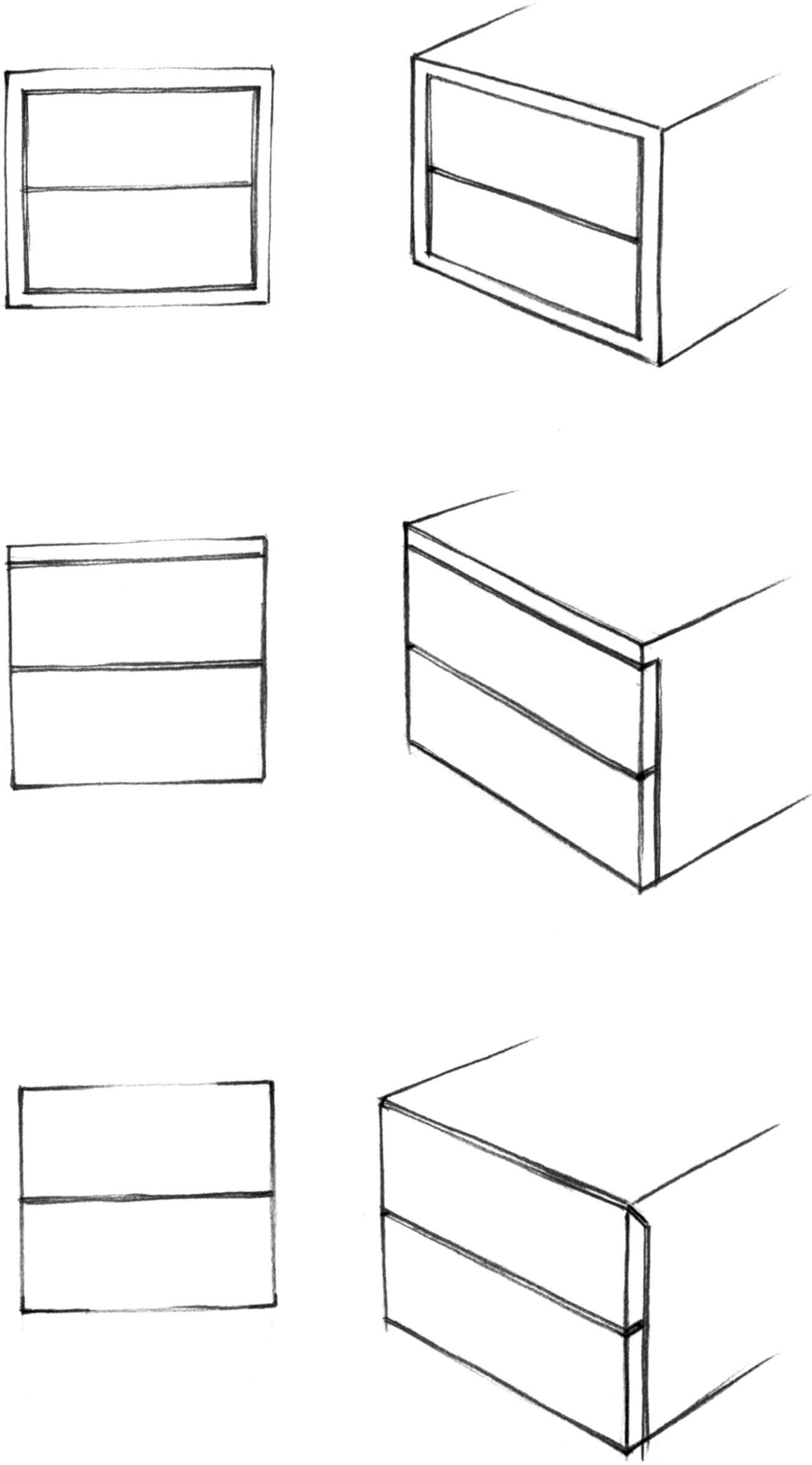

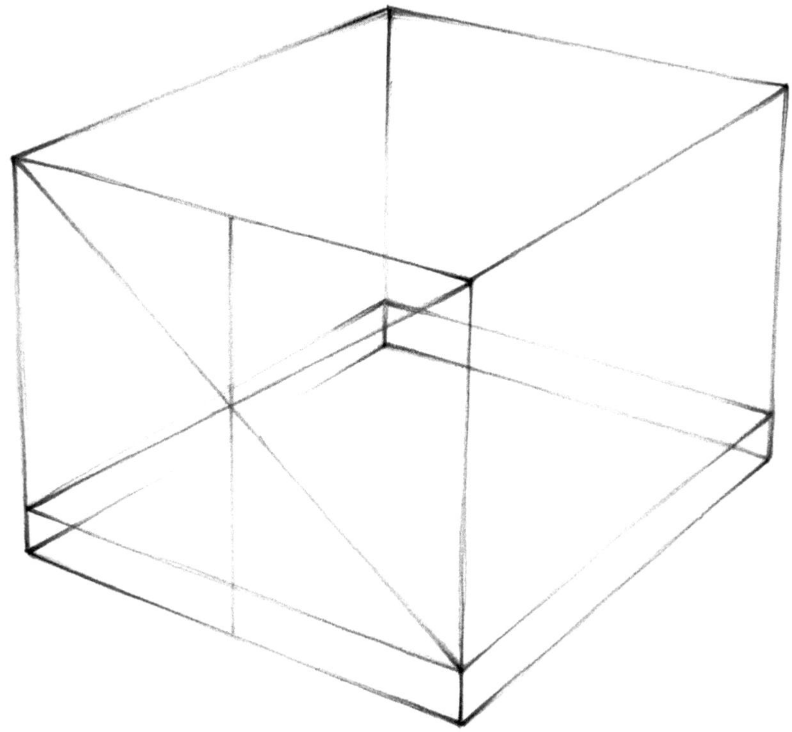

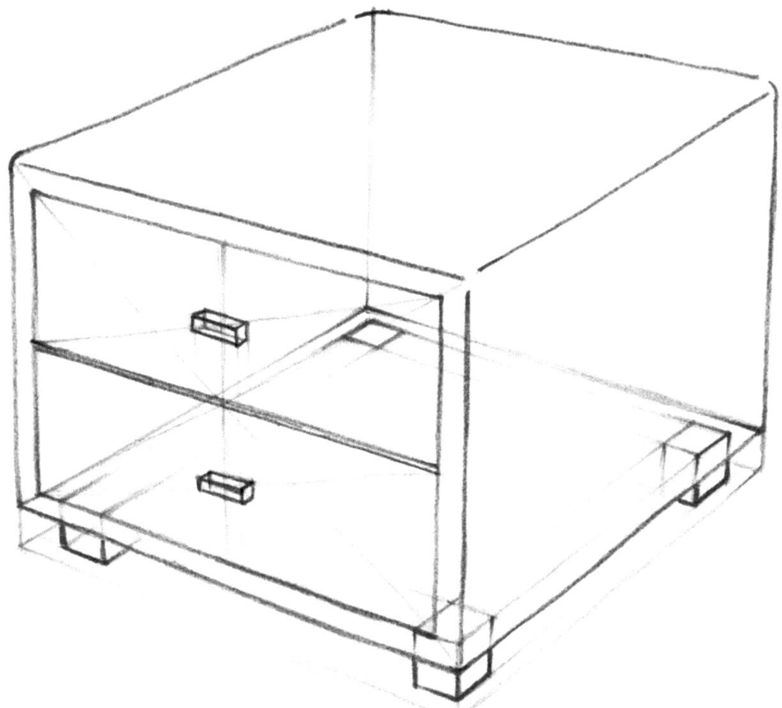

서랍과 선반이 있는 협탁

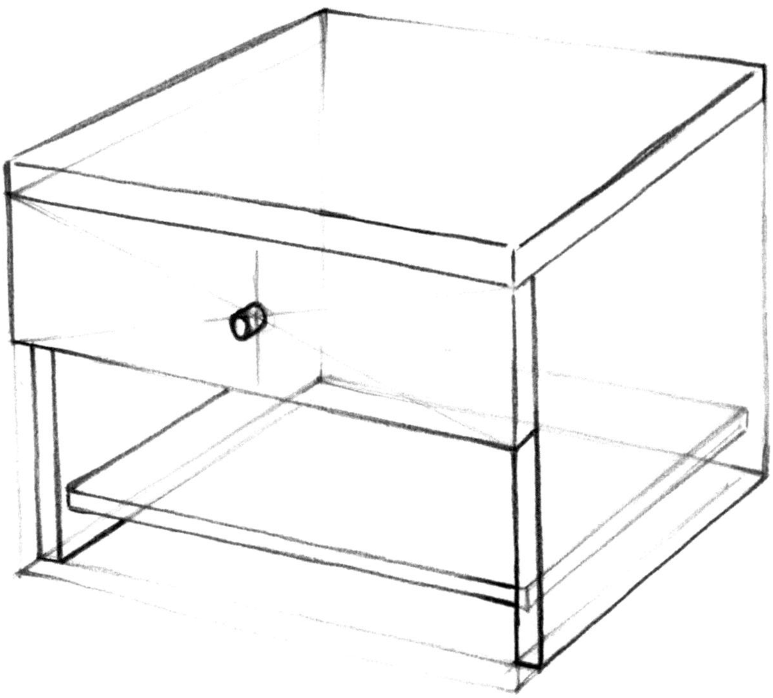

높은 협탁

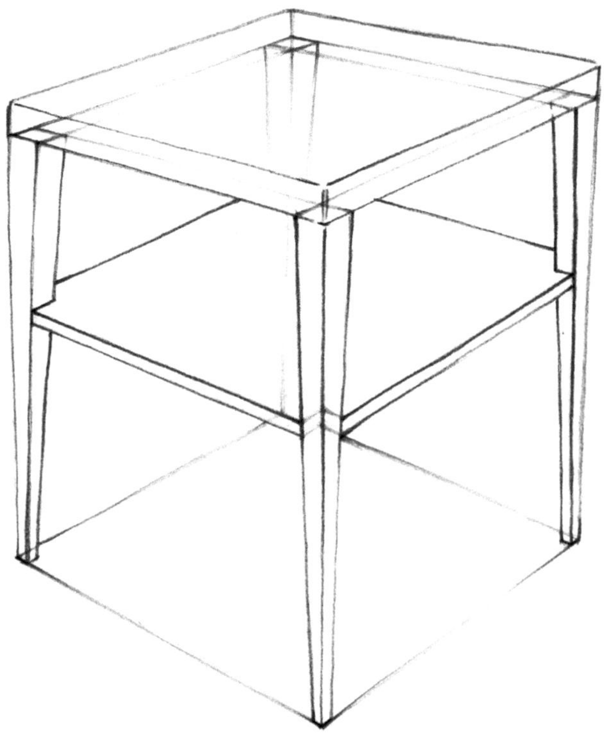

3. 차탁자 Tea table

티 테이블로도 불리는 차탁자는 좌식용과 입식용으로 나뉜다. 좌식용은 거실바닥에 방석을 깔고 앉아 사용하는 탁자로 입식용보다 높이가 낮고, 가로와 세로의 길이가 같은 정방형이 많다. 입식용은 주로 소파에 앉아 사용하는 탁자로 좌식용보다 높으며, 정방형보다는 한쪽의 길이가 긴 직사각형이 많다. 이것은 3인용 소파와 거실장이 놓여지는 거실의 구조 때문이다.

용도는 주로 가족이나 손님과 차를 마실 때 사용하며, 신문이나 TV를 시청할 때 리모컨 등 소품을 올려놓기도 한다.

○ **규격 : 좌식** - 500 x 500 x 300mm
　　　　입식 - 1,200 x 600 x 400mm

입식 티 테이블

직사각형 입식 테이블

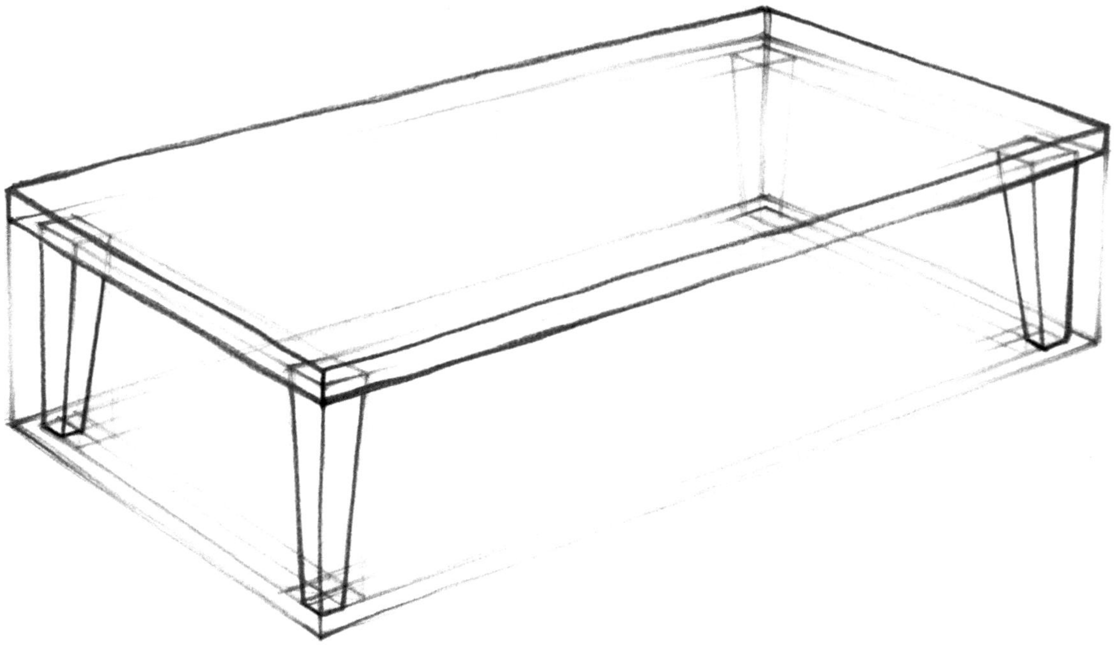

원형 좌식 테이블

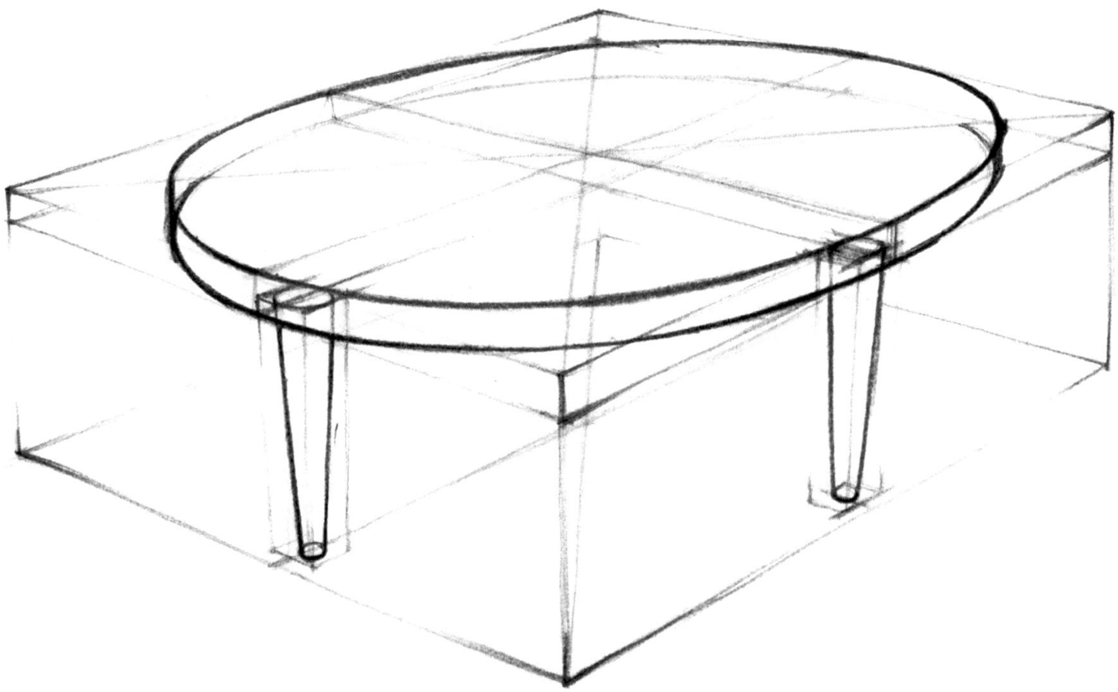

입식 티 테이블 4

좌식 편백 티 테이블 그리기

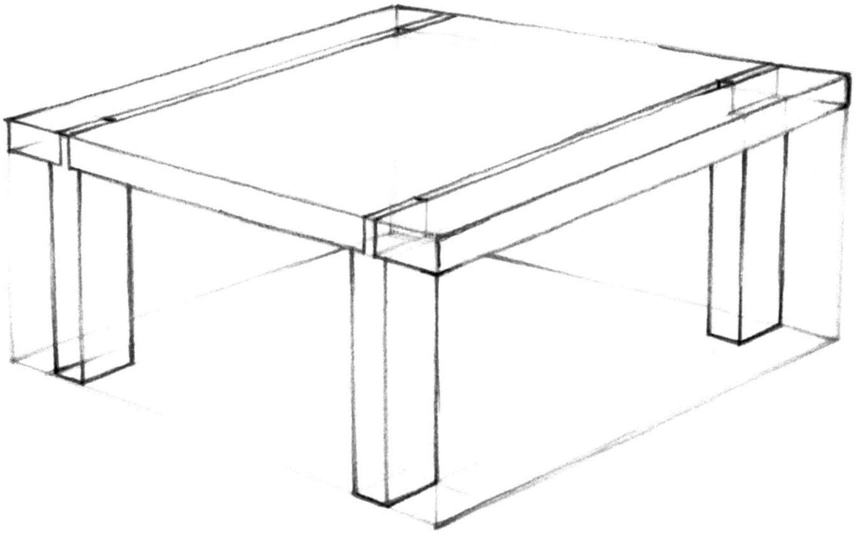

좌식 편백 티 테이블

4. 소 파Sofa

소파에는 1인용, 2인용, 3인용, 4인용 소파가 있다. 일반적으로 가정에서는 1인용과 3인용을 일자형으로 배치하나, 거실이 큰 경우에는 1인용, 2인용, 3인용을 ㄷ자 형태로 배치하여 사용한다. 목재가 밖으로 드러나 보이거나 목재가 조각되어 있는 소파는 목형소파라고 하며, 다리 이외에 다른 부분은 가죽으로 둘러쌓아 속 재료인 목재나 금속이 보이지 않게 한 소파를 소바리라고 부른다. 소바리는 현장에서만 쓰이는 용어로 가죽소파라는 명칭과 혼동되어 사용되지만 목형소파에도 가죽을 사용하기 때문에 '가죽소파' 라고 부르는데도 무리가 있어 보인다. 재료에 따라서는 가죽소파, 천소파, 인조가죽소파가 있다. 소파는 거실의 가장 대표적인 가구로 휴식을 취할 때 쓰이며, 가족들이나 손님과의 담화 시에도 사용된다. 소파의 골격은 목재나 금속과 같이 단단한 재료가 사용되고, 편안한 휴식을 위하여 스펀지나 솜, 라텍스 또는 오리털같이 부드러운 재료가 내장된 방석을 부착한다. 따라서 소파를 드로잉할 때는 다른 가구와 달리 부드러움이 표현되어야 하므로 구조를 이해하고, 재질표현 기법에 유의하여 그린다.

○ **규격** : **1인용** - 800 x 800 x 800mm, **3인용** - 2,000 x 800 x 800mm

목형소파

가죽소파

천소파

1인용 소파 그리기

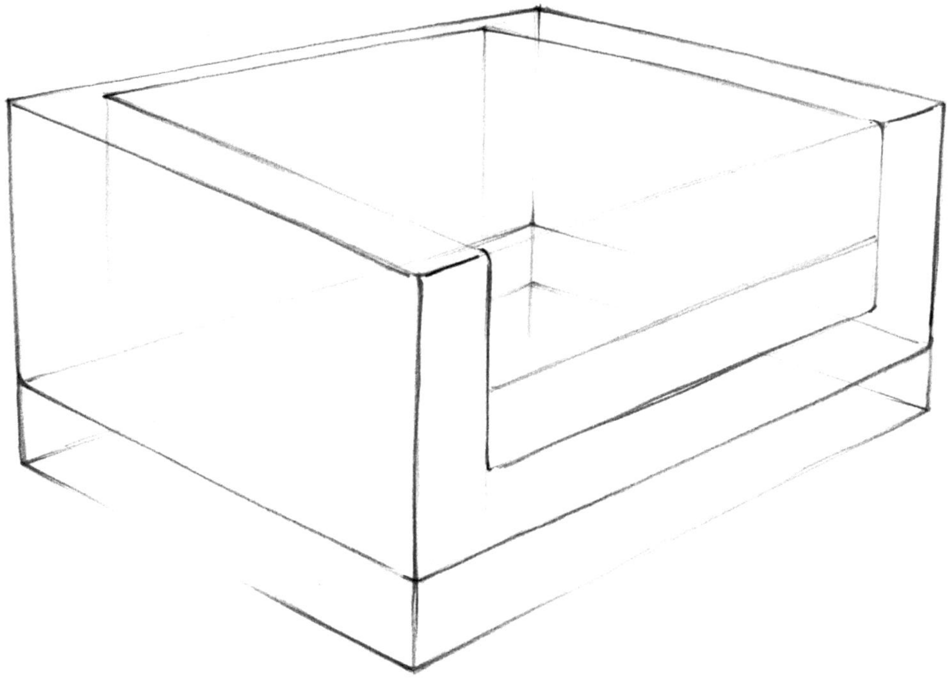

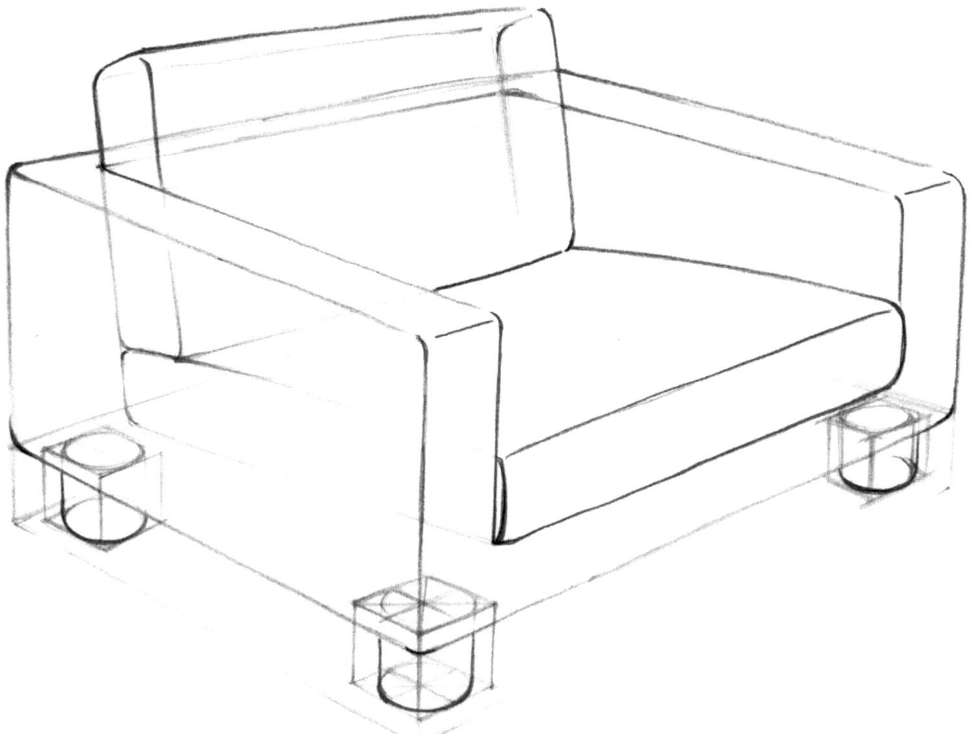

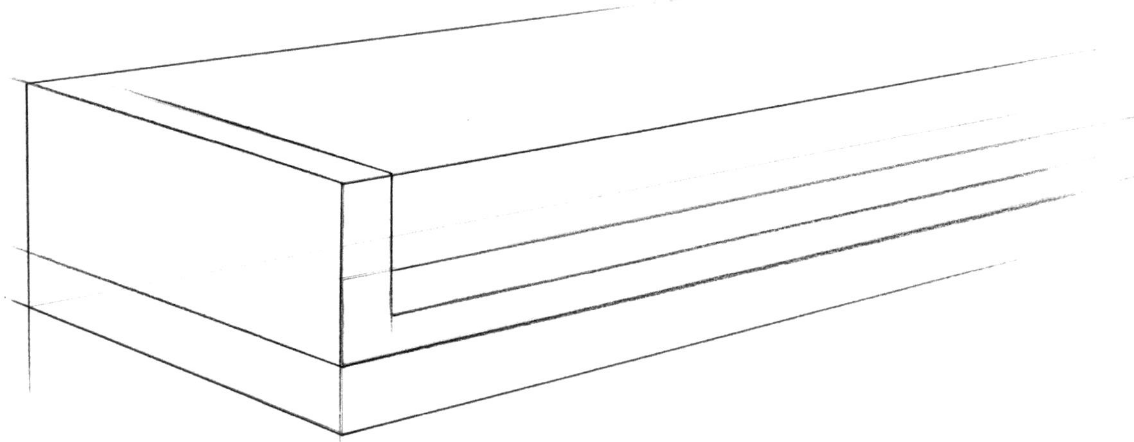

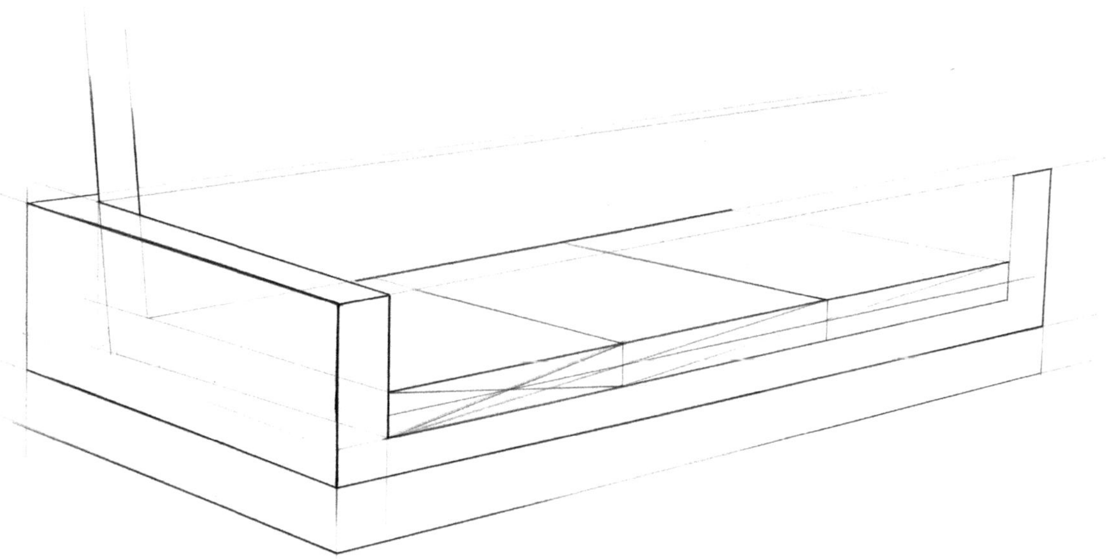

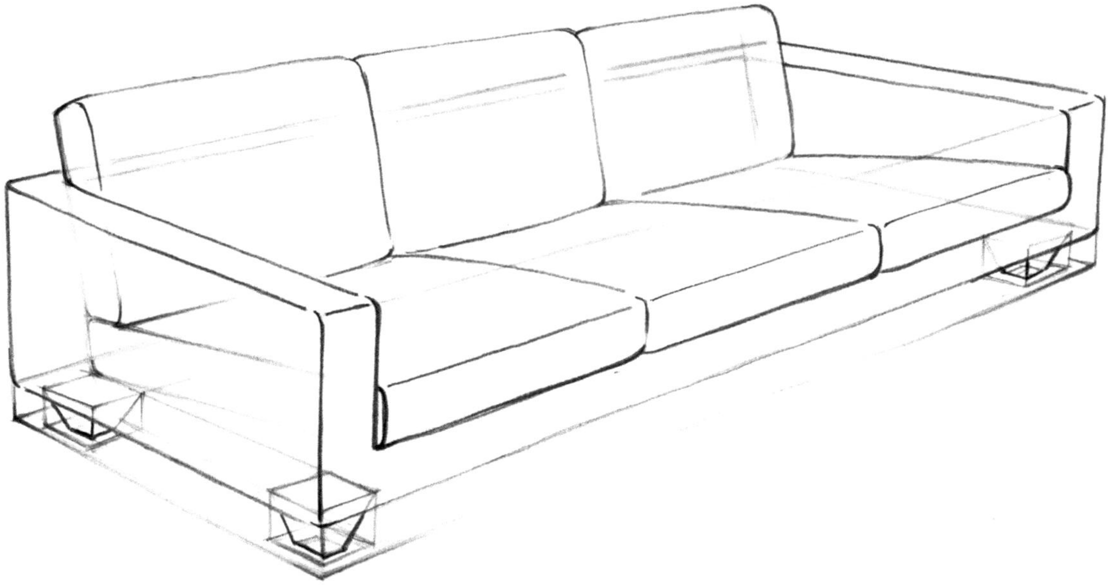

5. 거실장

거실장은 거실에 놓이며, 소파에 앉아 TV를 볼 수 있도록 TV나 비디오를 올려놓는 용도로 사용된다. 크게 세 부분으로 나누어져 있으며, 모던한 디자인은 대부분 높이가 낮고, 디자인이 단순하다. 엔틱은 모던에 비해 높이가 높고 웅장하며, 가운데 부분이 2단 서랍장으로 구성되고, 좌우로 더 높은 장식장으로 구성된다. 따라서 TV 외에도 장식품과 CD 또는 책을 수납하기도 한다.

규격은 아파트의 거실 크기와 관계가 있으며, 대략 가운데 놓여지는 거실장이 TV를 올려두기 위해서 가로로 가장 길다. 세로는 TV의 두께에 따라 500~550mm이 적당하나, 요즘은 TV가 얇으므로 조금 줄어든 경향이 있다. 높이는 가운데 놓여지는 것이 제일 낮으며, 좌우의 것은 서로 같거나 다른 높이로 연출된다.

○ **규격 : 가운데** - 1,200 x 500 x 400mm, **양쪽** - 600 x 500 x 600 (~800)mm

엔틱거실장

모던거실장

거실장 그리기

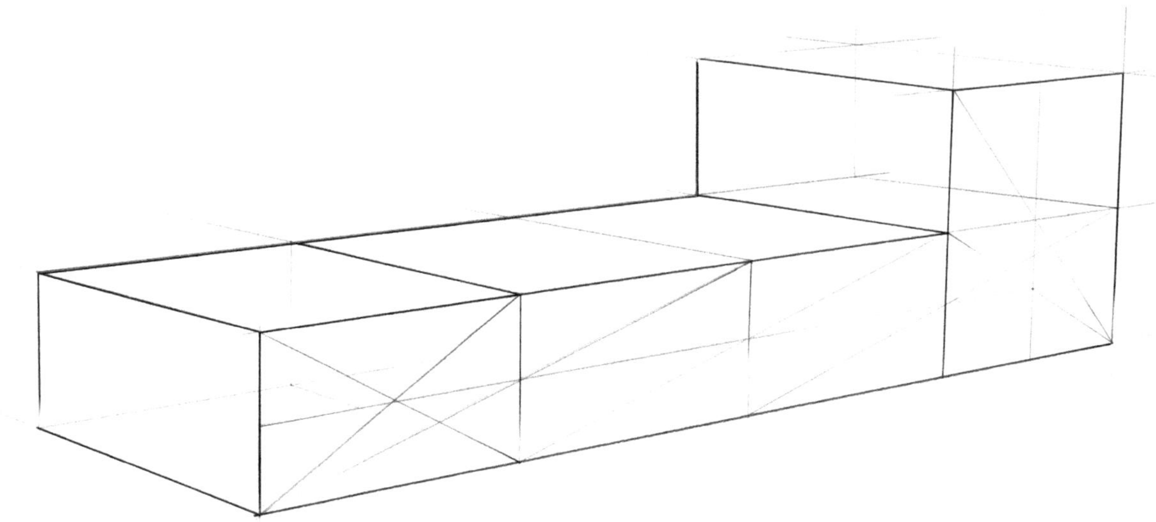

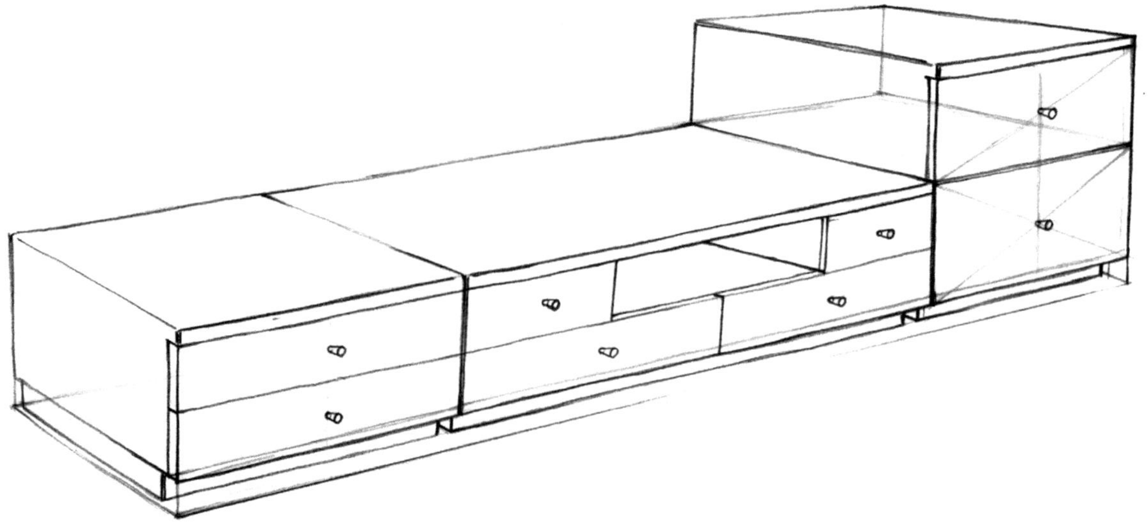

무궁화 거실장 그리기

무궁화 거실장 그리기

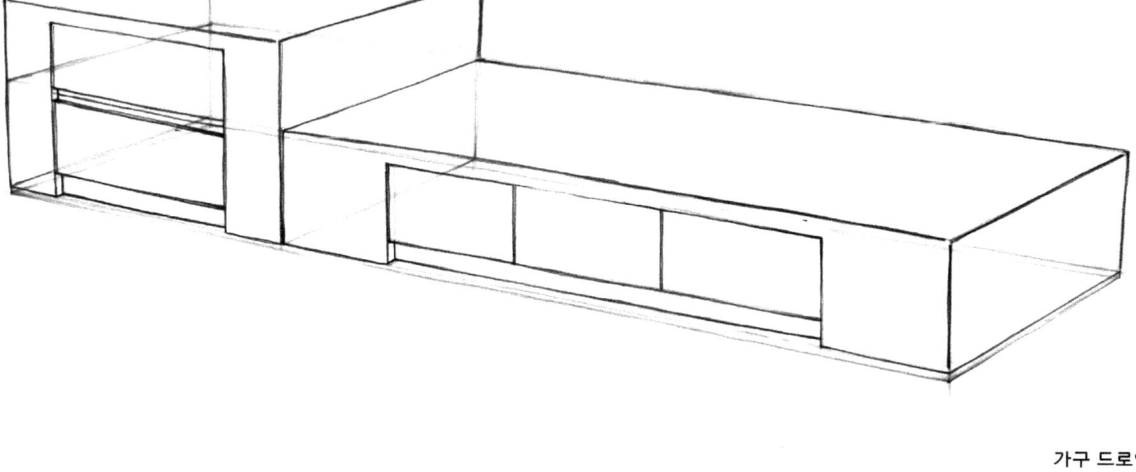

6. 콘 솔Consol

콘솔은 상판과 다리로 구성되며, 현관 또는 거실에 놓여진다.

꽃병과 같은 장식품을 올려놓거나 열쇠, 모자, 핸드폰과 같은 소품을 올려 놓으며, 경우에 따라서 서랍이 장착되어 수납기능을 하기도 한다. 그러나 실용성보다는 장식성이 강한 가구로 심플한 디자인보다는 엔틱 스타일이 많으며, 때로는 콘솔 위쪽 벽에 작은 거울이 함께 배치되므로 화장대로 사용되기도 한다.

○ **규격:** 600 x 350 x 900mm

엔틱콘솔 사진

콘솔그리기

모던콘솔

모던콘솔 그리기 과정

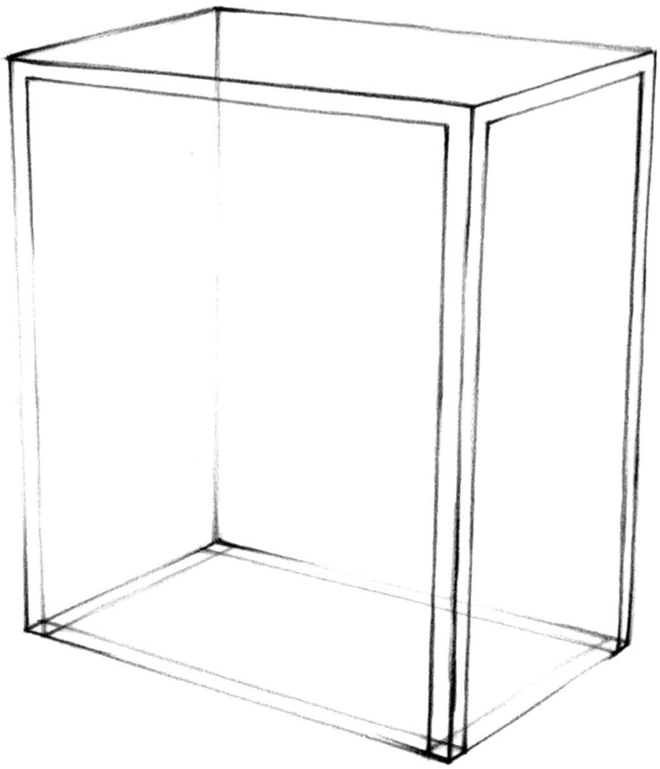

모던콘솔 다리 디테일

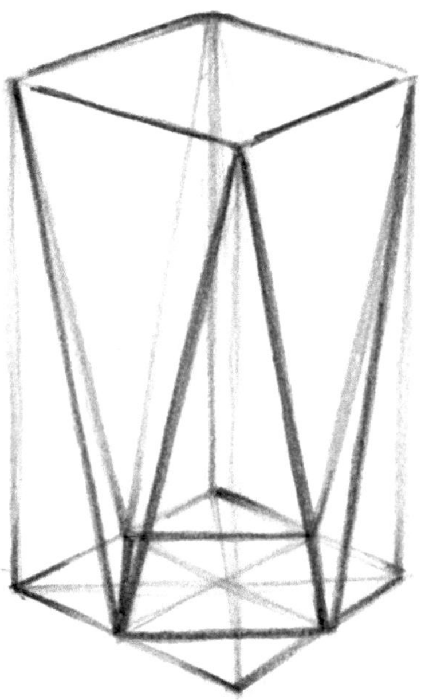

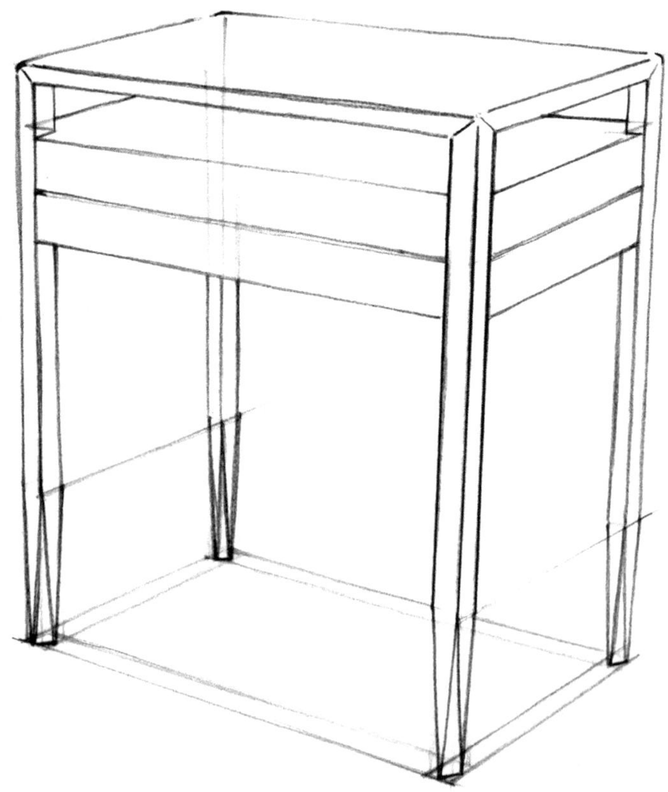

7. 화장대

콘솔과 화장대는 그 명칭이 혼용되어 쓰이기도 하는데, 그 차이는 거울이 있느냐, 없느냐에 달려 있다. 콘솔은 거울 없이 수납기능만 있으며, 화장대는 거울이 반드시 있고, 여성이 주로 사용하는 가구이다. 화장대는 콘솔보다 수납공간이 많은 것이 특징이며, 화장대용 스툴이 있다. 맞벌이 가정이 늘면서 바쁜 아침에 왔다 갔다 하면서 화장하는 경우에는 스툴이 필요 없으므로 3단이나 5단 서랍장 위에 거울을 부착하여 사용하기도 한다.

○ **규격:** 700 x 350 x 900mm

화장대

화장대 그리기

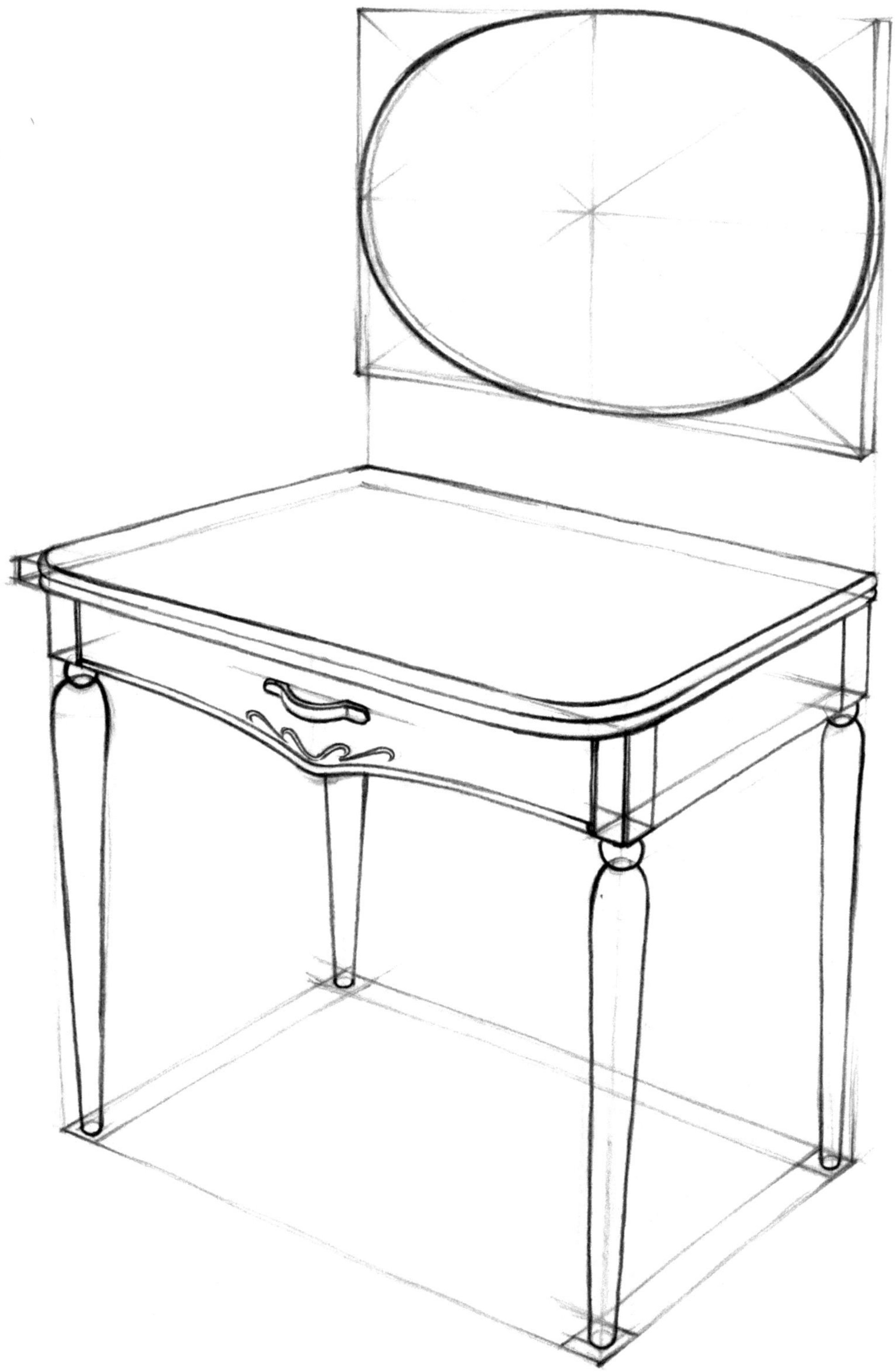

8. 서랍장

여러 층의 서랍으로 이루어진 것을 서랍장이라 하며, 서랍이 2개이면 2단 서랍장, 3개이면 3단 서랍장이라 부른다.

손잡이가 하나로 열릴 수 있는 가로폭이 좁은 것과 손잡이가 두 개 달려 양손으로 열리는 넓은 것이 있다.

○ **규격**: 1,000 x 500 x 1,000mm

서랍장

서랍장 그리기

9. 침대

침대는 가로의 크기에 따라 1인용(싱글, 슈퍼싱글), 2인용(더블, 퀸, 킹) 등 다양하며, 2층으로 된 침대도 있다. 대부분 목재나 금속과 같이 단단한 프레임에 탄력있는 매트리스가 올려지는 구조이며, 차가운 프레임을 부드럽게 하기 위해서 가죽이나 천으로 마감하는 경우도 있다.

협탁 위에 올려두던 조명등을 침대에 장착하는 IT접목기술이 대두되고 있으며, 낮에는 소파 기능을 하는 소파베드와 같은 기능성 침대도 있다. 침대의 규격은 매트리스를 기준으로 하며, 머리판은 모던할수록 높이가 낮고, 엔틱일수록 높은 경향이 있다. 바닥에서 매트리스까지의 높이는 약 400mm가 적당하나, 매트리스의 종류에 따라 높이가 높아지기도 한다. 발판은 머리판과 같이 높이가 올라가는 것도 있으나 일반적으로 매트리스 밑에서 다리역할만 하는 것이 대부분이다.

○ **규격 : 1인용** 1,000 x 2,000 x 800mm, **2인용** 2,000 x 2,000 x 800mm

엔틱침대

모던침대

1인용 침대 그리기

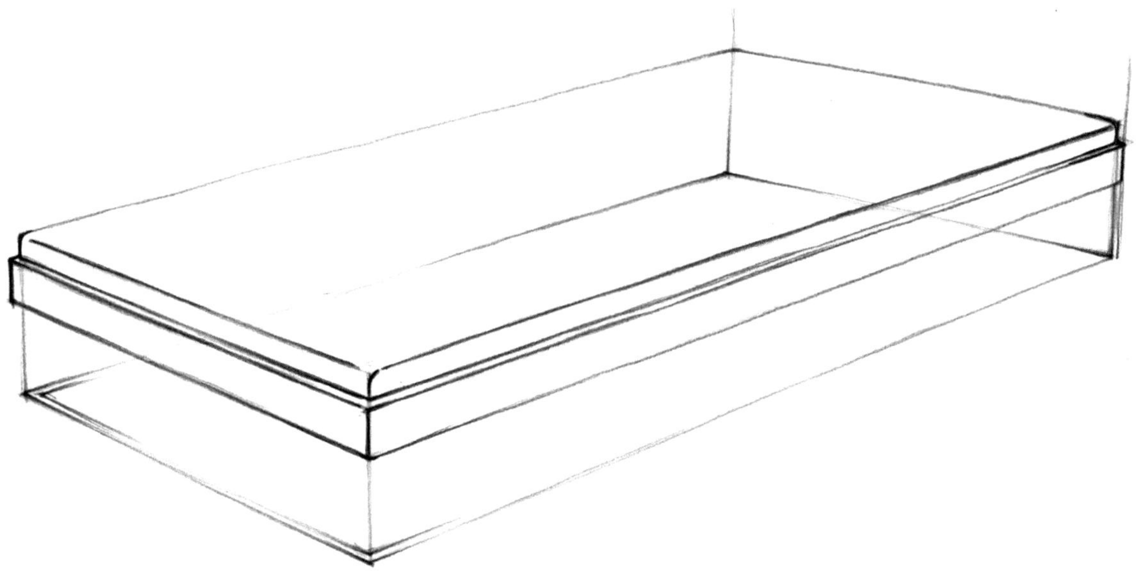

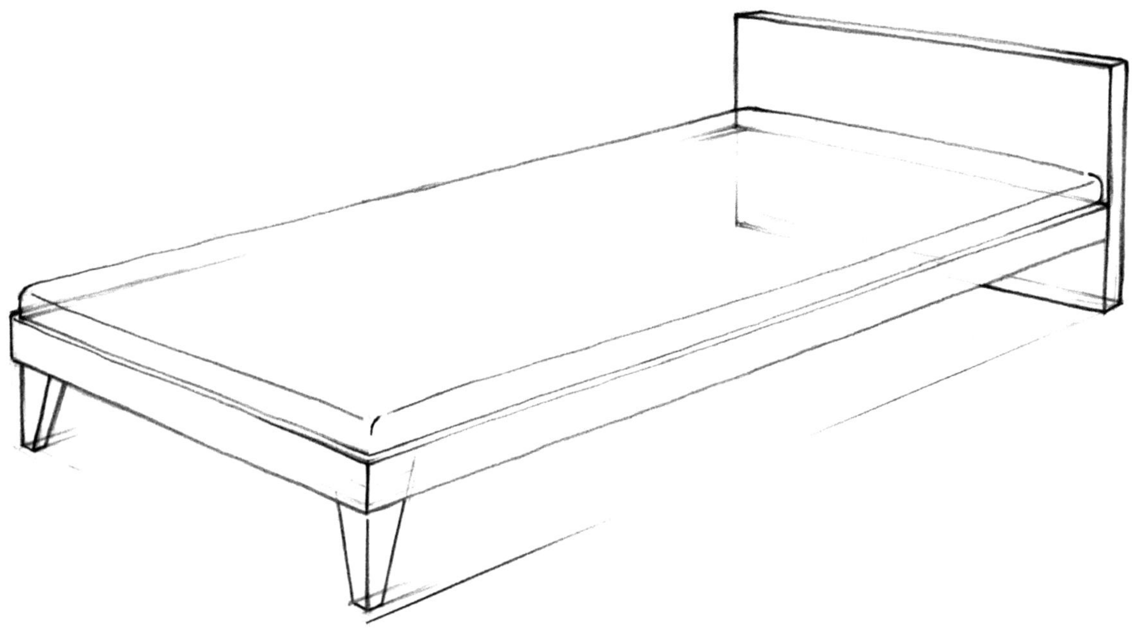

침대를 그릴 때는 매트리스부터 다리까지를 먼저 그린 후 비례에 맞추어 머리판을 올리는 것이 그리기 쉽다. 매트리스가 침대바닥판에 올려지는 경우도 있으나 위의 그림은 매트리스가 틀 안으로 들어가는 경우이다.

2인용 침대 그리기

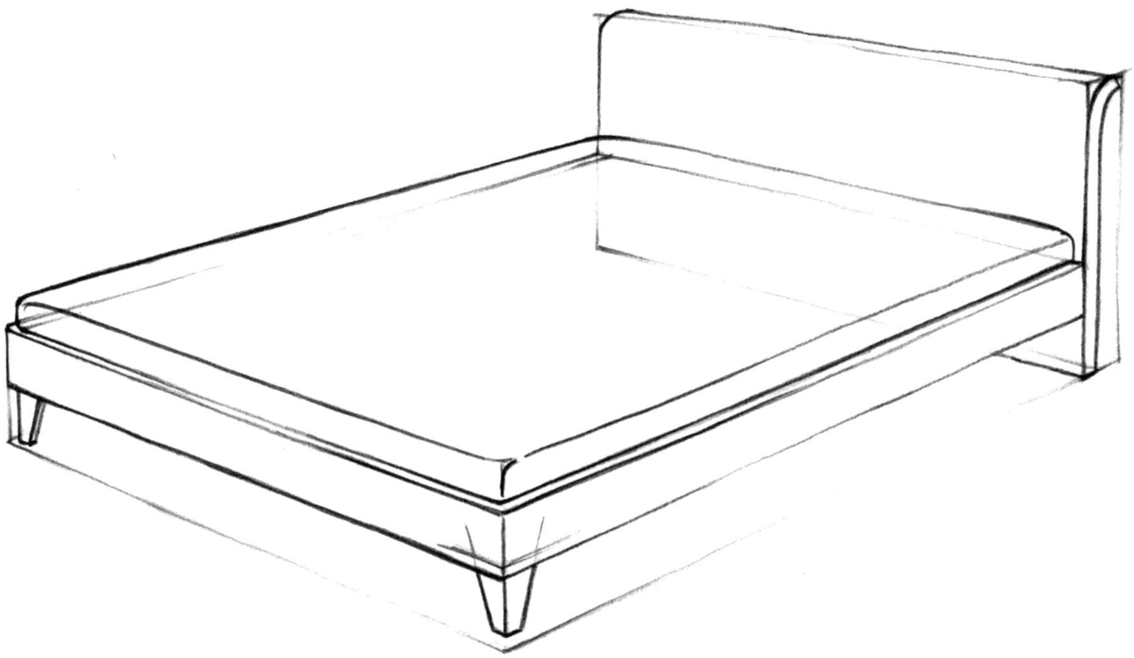

2인용의 가로길이는 1인용의 가로보다 두 배이며, 세로와 높이는 1인용과 같으므로 가로만 좀 더 길어진 육면체 틀을 먼저 그린다. 머리판이나 다리를 그릴 때, 1인용보다 좀 더 발전된 디자인을 시도해 본다.

10. 식탁

식탁은 규격에 따라 2인용, 4인용, 6인용으로 구분되며, 재료로는 목재가 가장 많이 사용되고, 대리석, 유리, 금속, 가죽 등도 쓰인다.

식탁의 구조는 상판과 다리로 이루어져 있으며, 식탁의자와 세트이므로 드로잉도 함께 해야 한다. 4인용과 6인용 식탁의 규격은 가로 규격만 차이가 있으며, 공간을 효율적으로 사용하기 위해 4인용의 식탁에 숨어 있던 좌우날개가 나와 8인용이 되는 다기능 식탁이 점점 선호되고 있다.

식탁용 의자는 목재로 만들어진 경우가 많은데, 재료에서 오는 따뜻함 외에도 쉽게 넘어지는 것을 방지하기 위함이다. 이것은 엔틱의 경우에 강하며, 모던한 식탁에는 플라스틱이나 경쾌한 금속재료도 많이 쓰인다.

○ **규격** : **4인용** - 1,200 x 900 x 700mm, **6인용** - 1,700 x 900 x 700mm

4인용 식탁

6인용 식탁

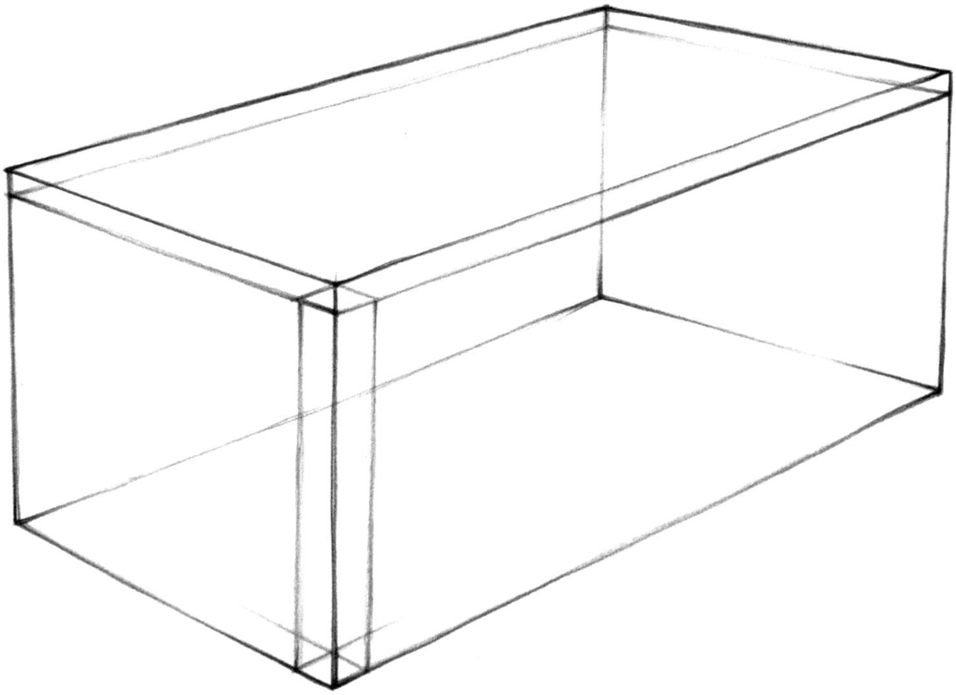

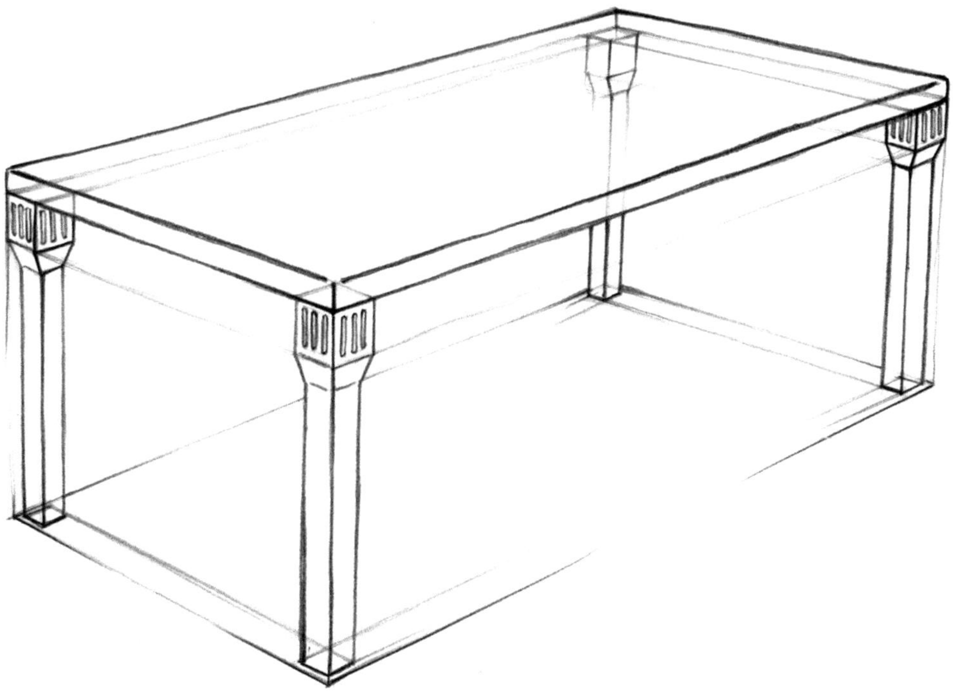

11. 책장

책장은 서재, 학생용 방, 그리고 서재화된 거실에서 사용된다. 목재로 된 책장이 많으며, 책장의 가로선반은 가로의 길이가 600mm일 경우 휘지 않고 안정적이기 때문에 가로 길이가 더 길 경우는 600mm마다 하나의 받침을 주거나 중간 측판을 넣어서 만든다. 디자인상 선반의 길이가 중간선반이 없이 길어야 할 경우에는 선반에 금속파이프를 내장하기도 한다.

책장은 한 벽면을 채울 만큼 여러 개를 이어 놓는 경우가 많기 때문에 소비자가 조립할 수 있는 넉다운(knock down)식과 반제품으로 운반되어 현장에서 시공되거나 완제품으로 만들어져 운반되는 일반형으로 나뉜다.

○ **규격** : 600 x 300 x 2,000mm

가보로 책장

곡선 책장

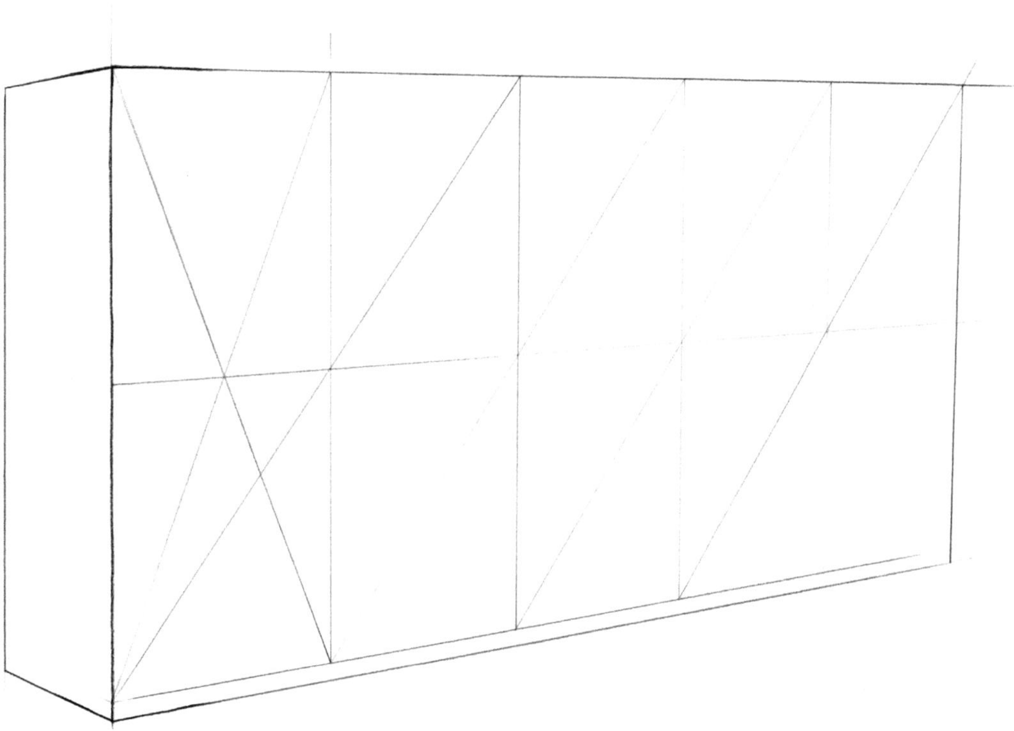

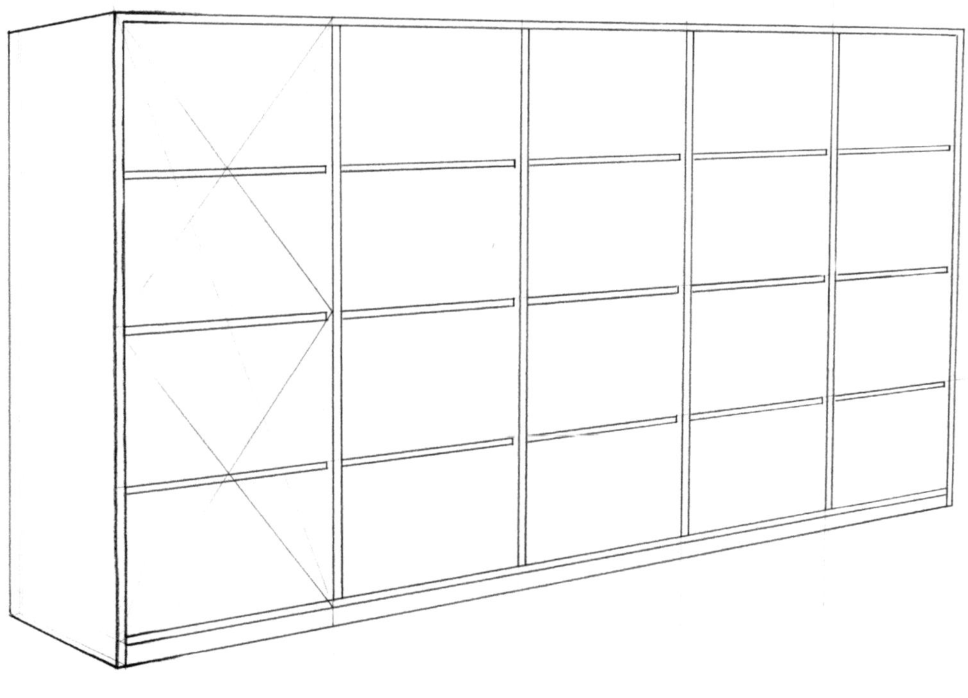

12. 의자

의자는 쓰이는 목적에 따라 사무용 의자와 학습용, 그리고 식탁용으로 구분된다. 또한 넓은 의미의 의자는 팔걸이와 등받이가 없는 스툴, 팔걸이가 있는 안락의자, 바퀴달린 의자, 접이식 의자 등 다양한 종류를 포함한다.

가구 중에서 가장 만들기 어려운 품목으로 손꼽히는 의자는 인체에 직접 닿고, 무게가 실리는 가구이면서도 휴식이 아닌 업무능률을 올리는데 기여해야 하므로 인체공학적인 설계가 우선시 되고 있다. 일상생활에 가장 많이 사용되는 의자는 가구의 역사를 만드는 중요한 품목인 만큼 세계 디자이너들의 새로운 시도가 꾸준히 이어지고 있다.

○ **규격 : 의자** - 600 x 600 x 900mm
좌판 - 400 x 400, **지면에서 좌판까지의 높이** 450mm

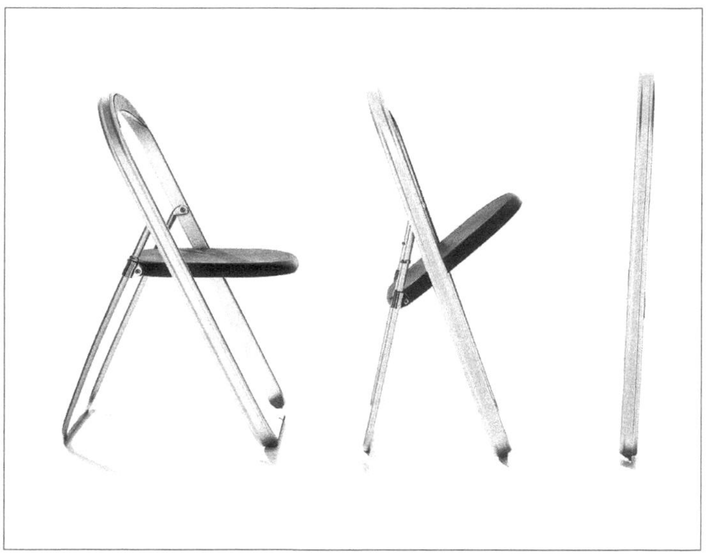

접이식 의자

안락 의자

의자 그리기

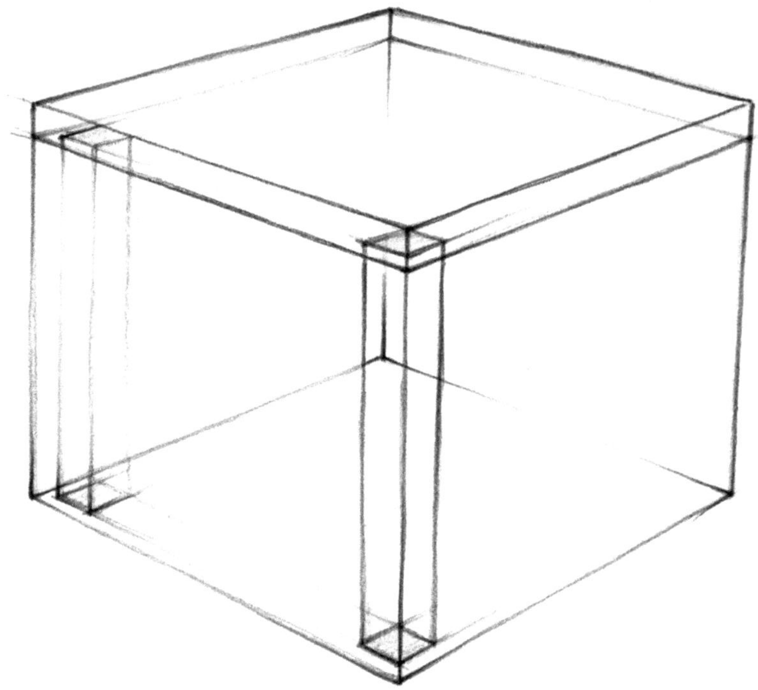

다리 그리기

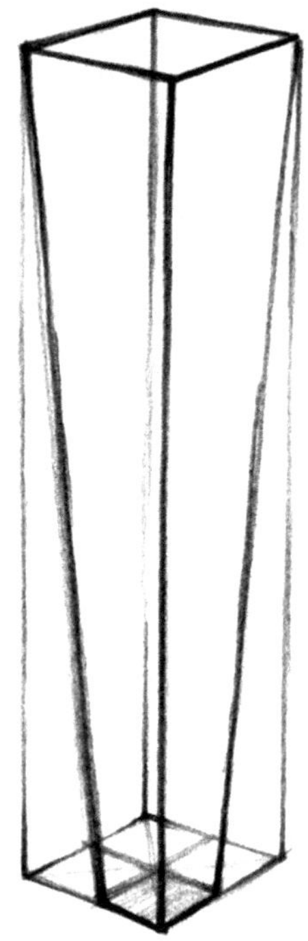

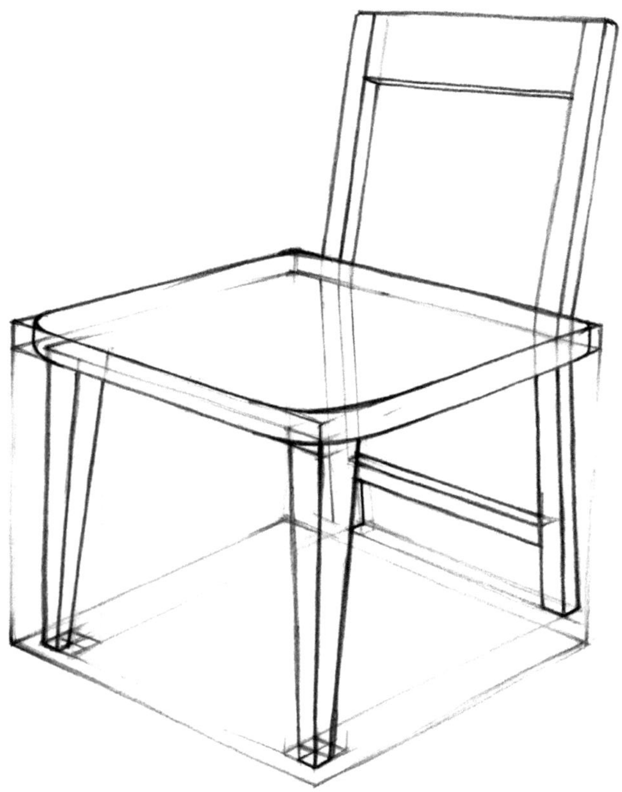

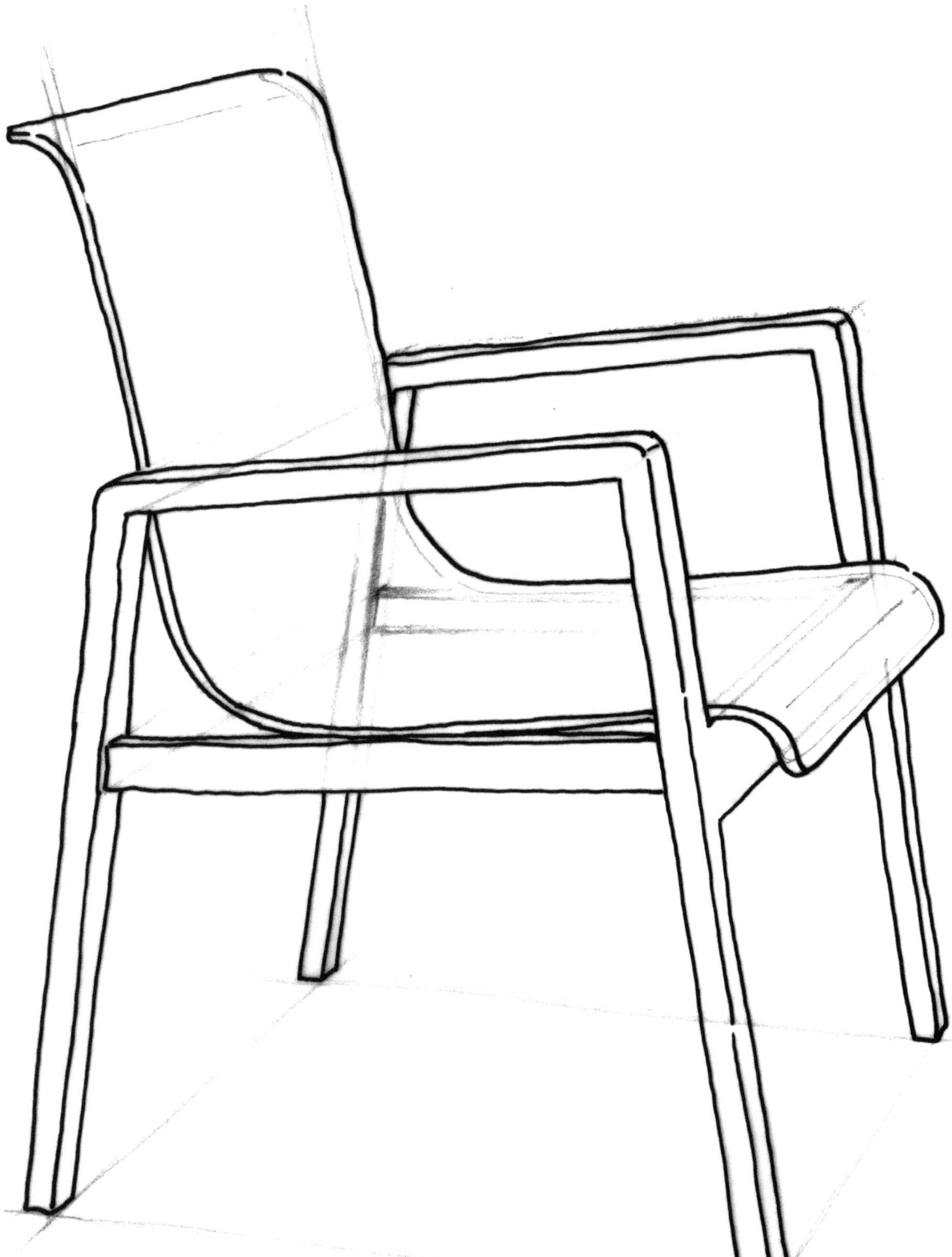

13. 벤치

벤치는 실내용과 실외용이 있다.

실내용은 주로 넓은 베란다나 거실에 놓고, 회사나 병원의 경우는 로비나 대기실에서 사용하며, 재료는 목재가 많다. 실외용은 정원이나 공원 등에서 사용하므로 녹이 슬지 않고, 악천후에 견딜 수 있는 방부목이나 금속을 사용한다. 규격은 3인용 벤치를 기본으로 하며, 넓은 공간에서 둥글거나 길게 연출되어 더 많은 사람들이 사용할 수 있도록 설계되기도 한다.

현대에 이르러 공공장소의 역할이 더욱 더 증대되고 있는 만큼 우리는 앞으로 거리(street)의 가구를 계획할 때 아래와 같은 다섯 가지 요소들에 주의를 기울여야 한다.
① 크기, ② 재료, ③ 수량, ④ 설치, ⑤ 적합성을 고려할 때, 거리의 가구들은 무의미하지 않으며, 또한 불필요해서도 안 된다.

디자이너들은 벤치를 도안할 때 아래와 같은 점들에 유의해야 한다. 앉았을 때의 편안함, 파괴 행위로부터 보호될 수 있는지의 여부, 계절 변화에 따른 재료의 견고함, 그리고 훼손이나 시대변화에 대응한 부분적인 재료의 빠른 교체를 통해 오랜 시간이 흘러도 시대에 뒤떨어지지 않는 벤치를 고안해야 한다.

○ **규격** : **3인용** - 1,500 x 600 x 850mm, **지면에서 좌판까지의 높이** 430mm

벤치(타이완)

실내벤치

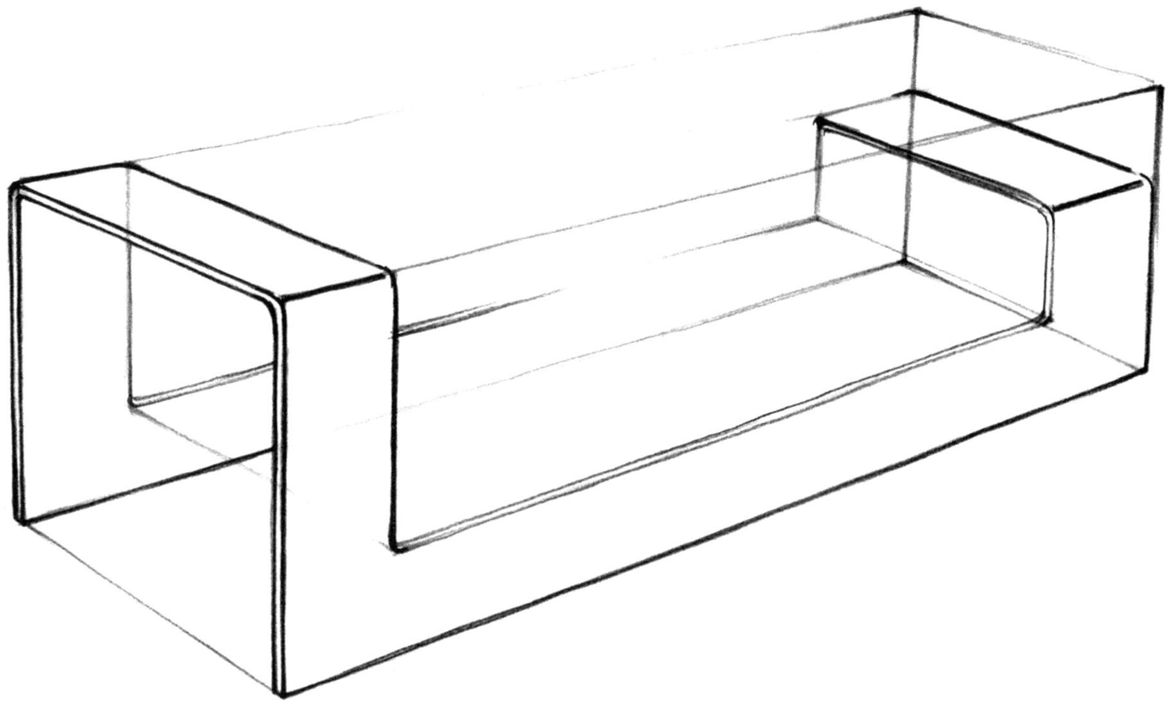

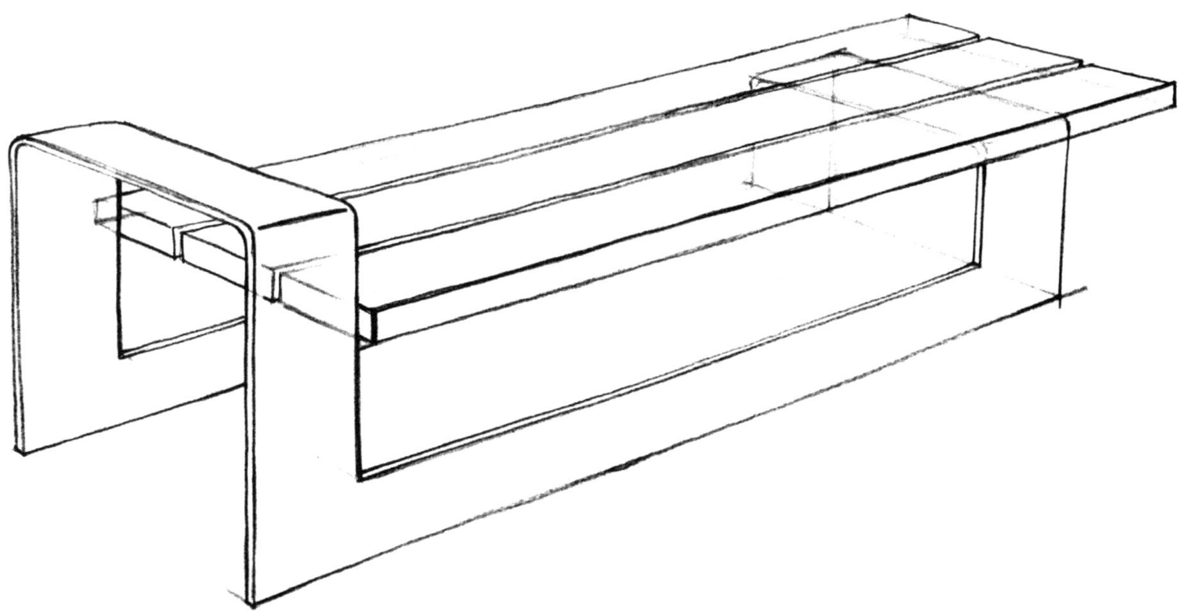

공간과 가구 드로잉

가구는 그것이 놓여지는 공간과 밀접한 관계가 있는 만큼, 공간에 놓여진 가구의 모습도 드로잉할 수 있어야 한다. 가구가 2점 투시에 의해 그려진다면 공간은 1점 투시에 근거하여 드로잉해야 하므로 공간에 놓여진 가구도 1점 투시로 그려야 한다. 따라서 가구 하나를 그릴 때와는 다르게 공간 또는 공간에 놓여진 다른 가구와의 비례가 정확하게 표현되어야 하는 것이 어려운 점이다.

본 장에서는 가정을 중심으로 하여 거실, 침실, 부엌 ,공부방, 화장실, 그리고 벤치가 놓여지는 베란다나 정원으로 나누어 드로잉하는 기술을 익힌다.

1점 투시로 공간 그리기

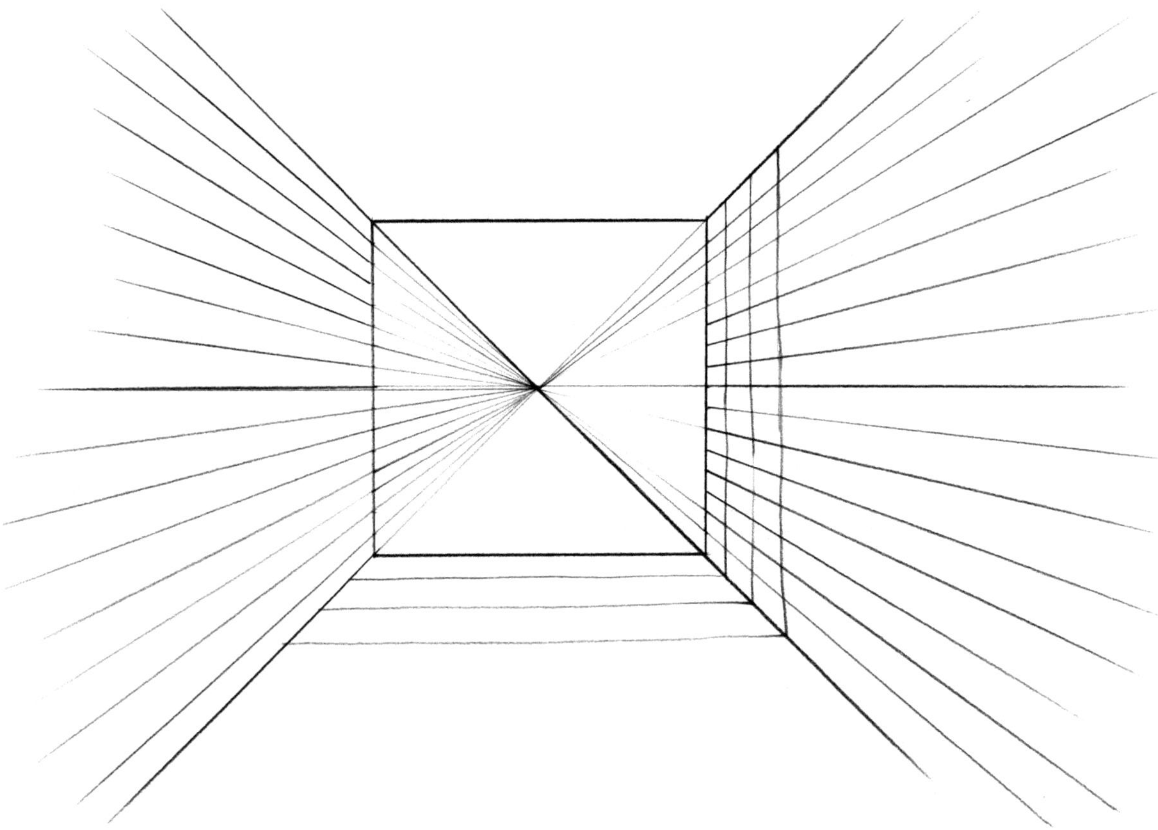

1점 투시로 공간에 물체넣기

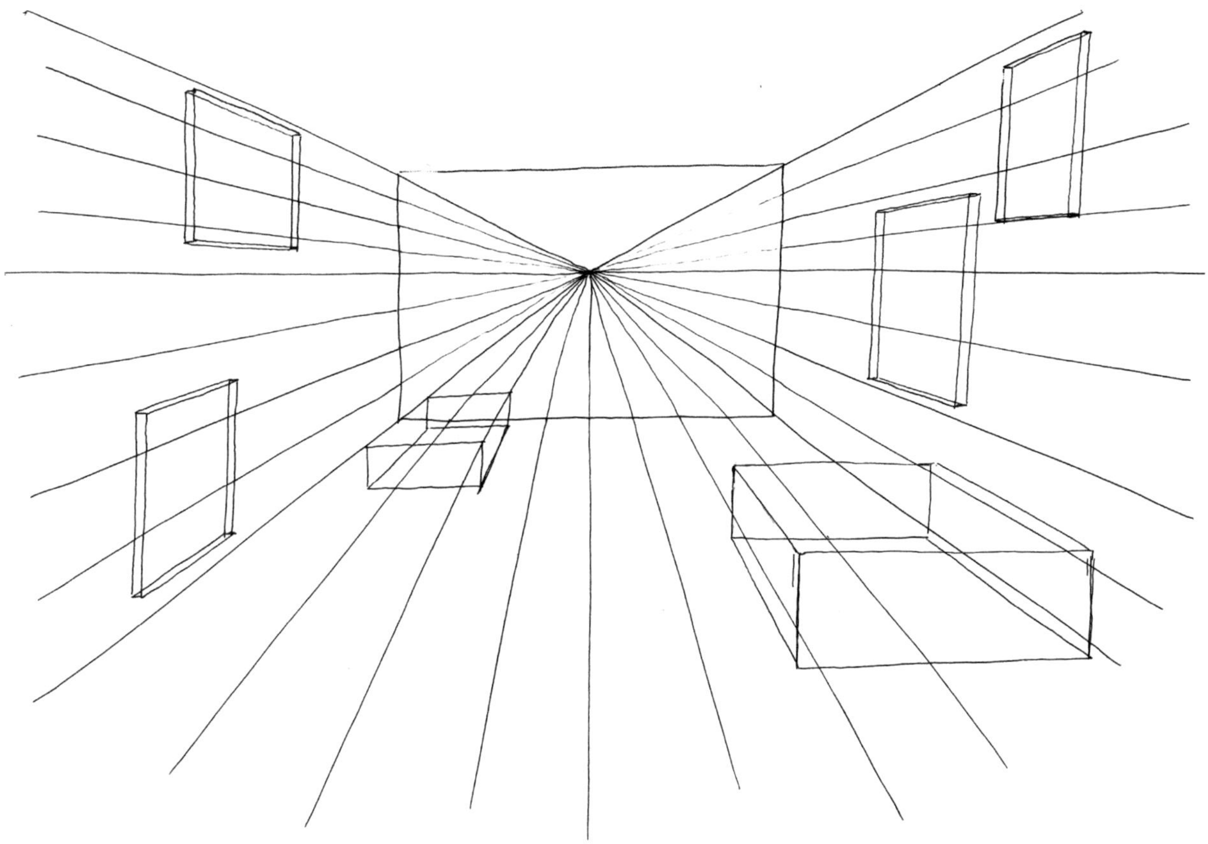

1. 거실

거실은 가정에서 가장 중심에 위치하여, 가족 간의 친목은 물론 손님들의 접대공간 역할을 한다. 이러한 거실문화는 아파트의 생성과 관계가 있으며, 과거의 마루에서 발전된 것이다. 가정마다의 분위기를 읽을 수 있는 거실의 가구는 편안하고 안락해야 한다. 대표적인 가구는 소파이며, 그 앞에 찻잔을 놓을 수 있는 티 테이블과 소파에 앉아서 TV를 시청할 수 있는 TV대 또는 거실장이 놓여진다. 소파 옆에는 작은 협탁이 있고, 때로는 스탠드 조명등이나 옷걸이가 세워져 있다. 이외에도 콘솔이나 안락의자가 놓여지며, 간혹 거실을 서재화하여 거실의 한쪽 벽면을 수납장으로 진열하는 경우도 있다.

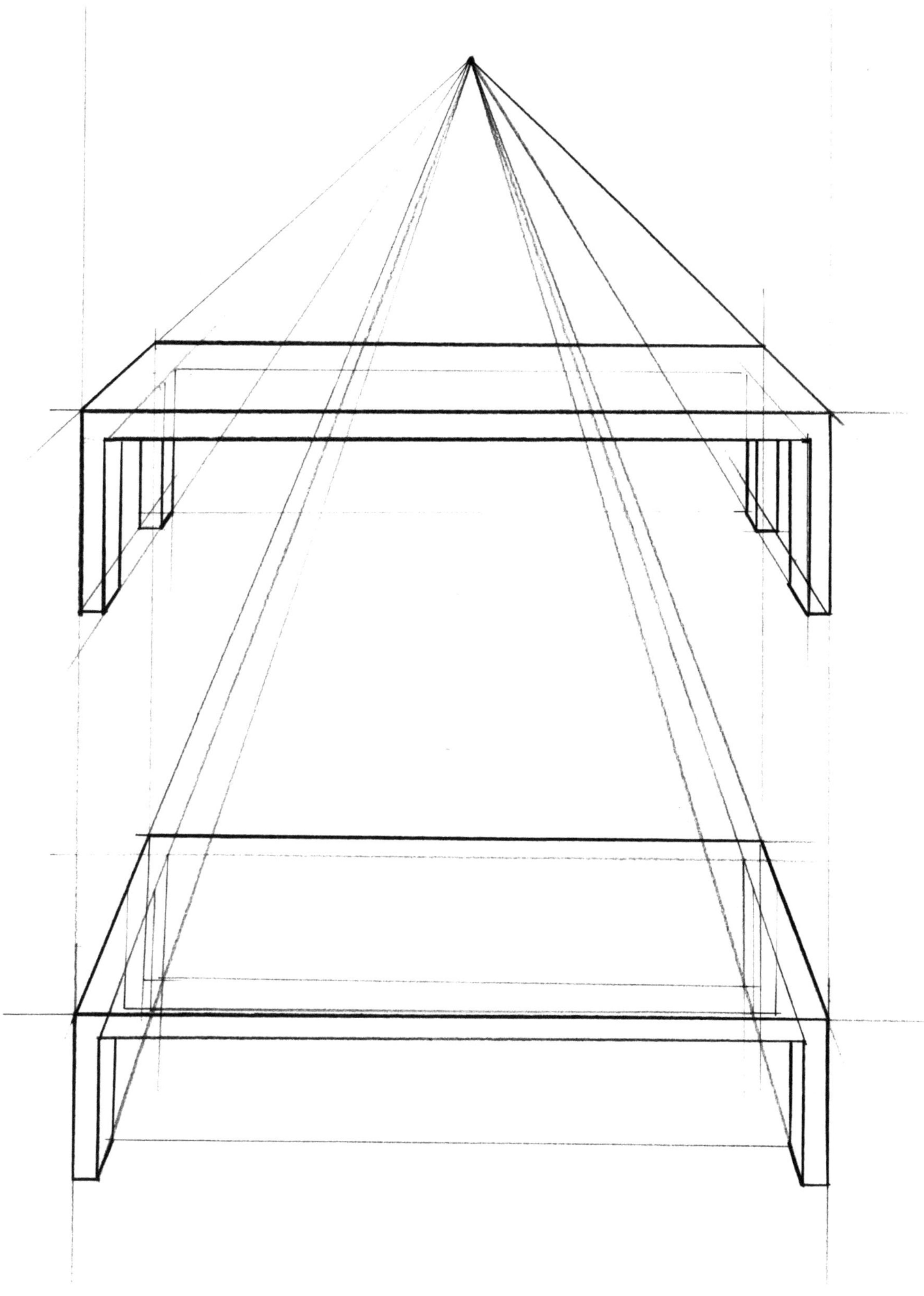

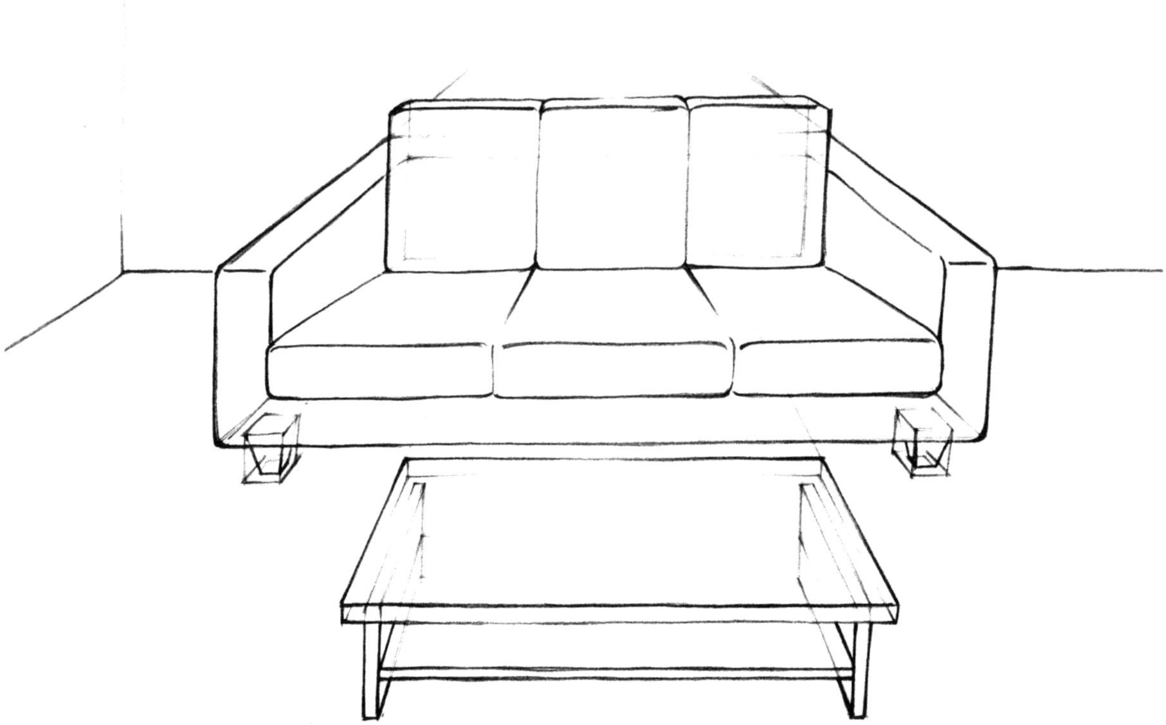

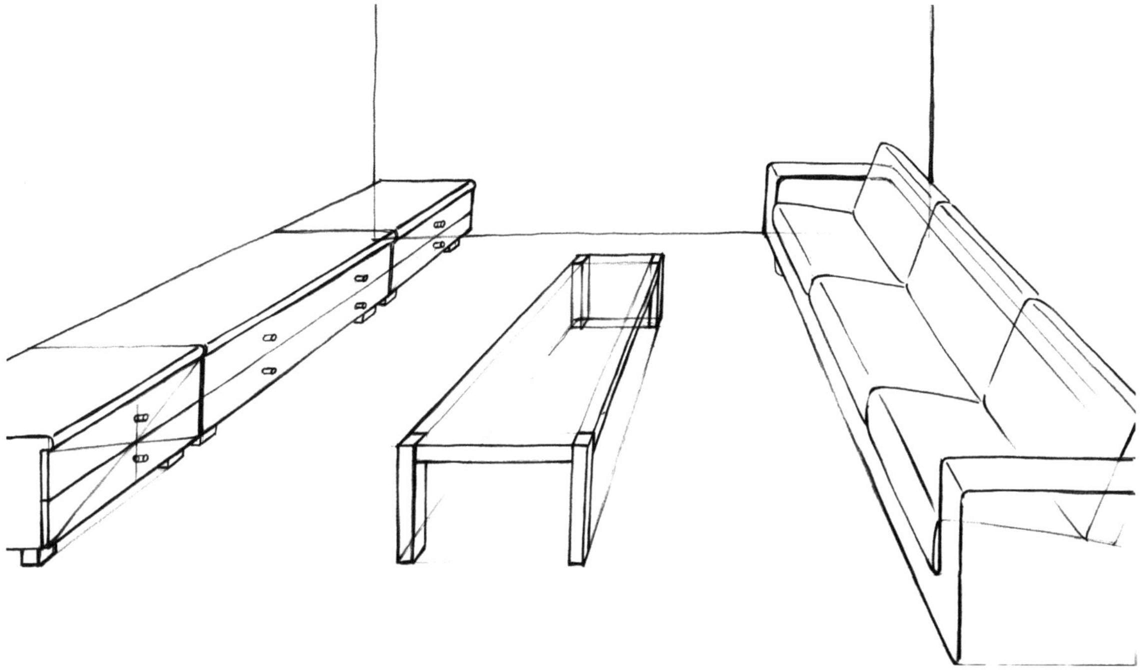

2. 침실

침실은 하루의 피로를 씻고, 잠을 자는 곳으로 편안하고 안락한 분위기를 조성해야 한다. 침실가구로는 침대, 협탁, 장롱, 그리고 화장대가 있으며, 공간이 넓을 경우에는 러브테이블과 의자가 놓이기도 한다. 침실에서 가장 넓은 범위를 차지하는 장롱은 한 벽면을 가득 채우며, 가로의 크기에 따라 8자, 9자, 10자, 11자, 12자로 나뉜다. 12자의 경우 가로는 약 3,600mm이며, 깊이는 약 600mm이고, 장롱의 높이는 약 2,100mm이다. 재료는 주로 목재를 비롯한 목질재료(파티클보드, 합판 등)가 사용되며, 유리와 금속도 혼용되어 나타난다.

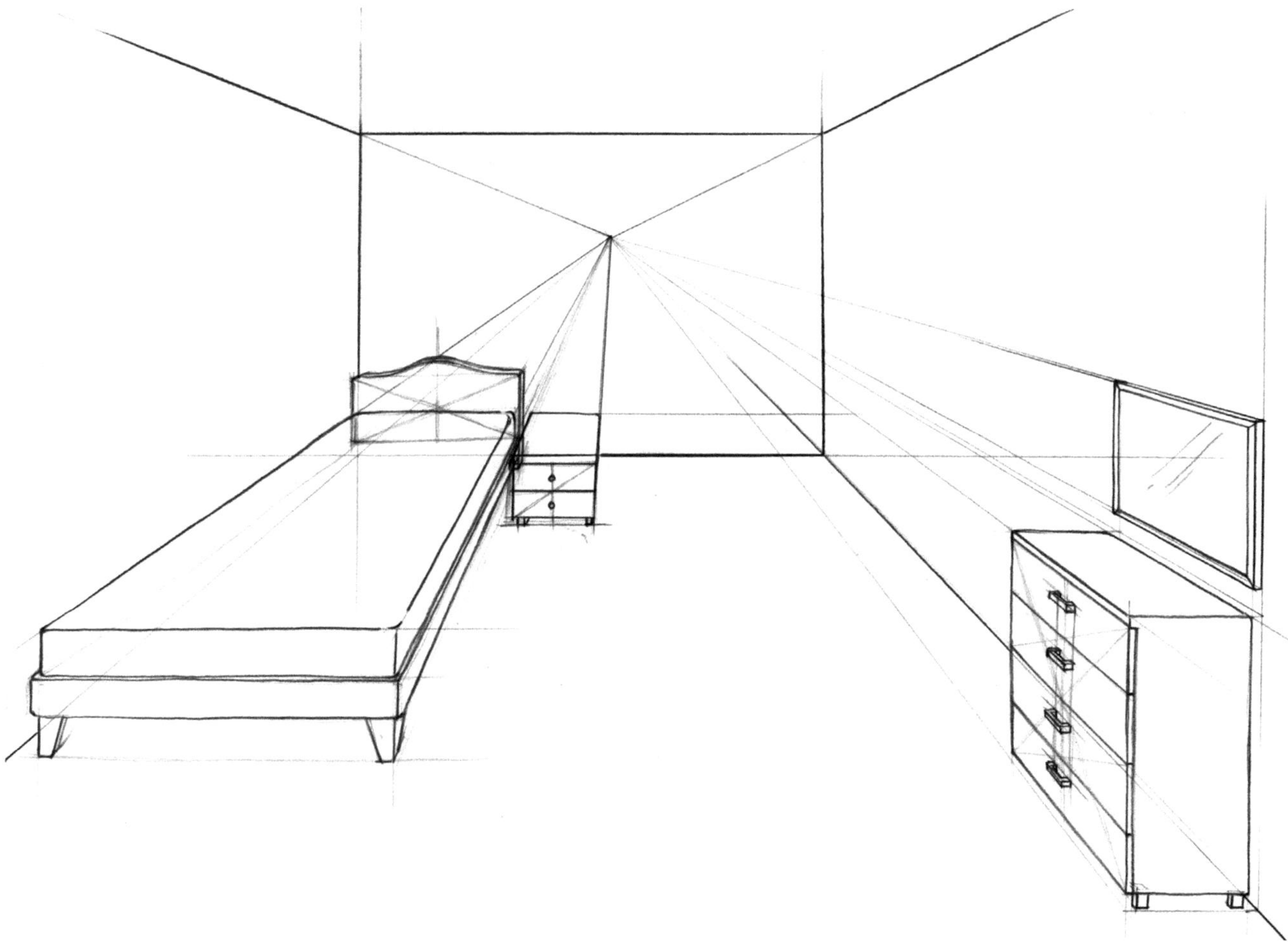

3. 부 엌

부엌에는 수납 및 조리기능을 담당하는 싱크대가 붙박이로 조립되고, 한 쪽에 식탁과 의자가 놓여진다. 아파트의 경우는 조리공간과 거실 사이에 식탁을 설치하여 공간을 분할하는 기능도 겸비하고 있으나, 넓은 집에서는 조리공간과 식사공간을 따로 분리하기도 한다. 부엌의 구조는 가장 경제적이어서 기숙사에 많이 쓰이는 일자형부터 ㄱ자형, ㄷ자형, 그리고 가장 고가이며, 현대에 관심이 고조되고 있는 섬 같이 공간의 한 가운데에 설치되는 아일랜드형 등이 있다.

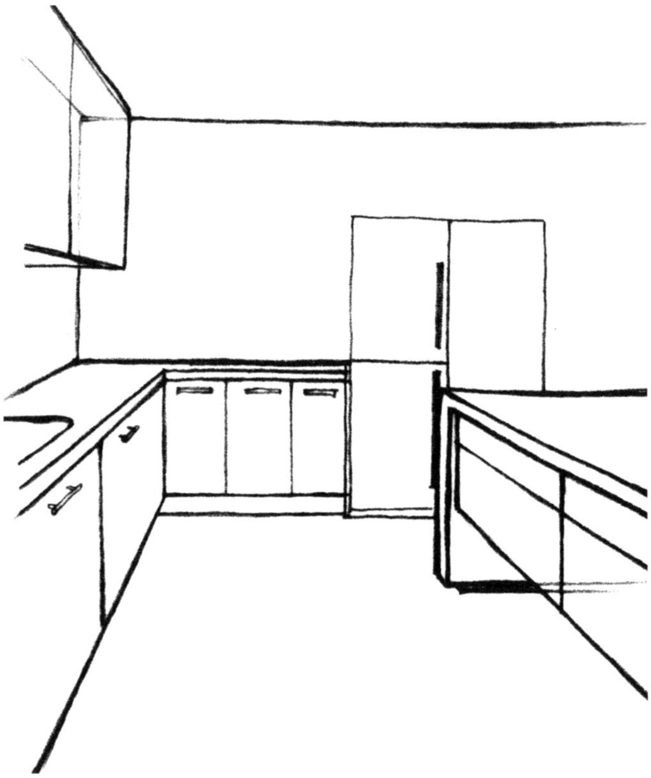

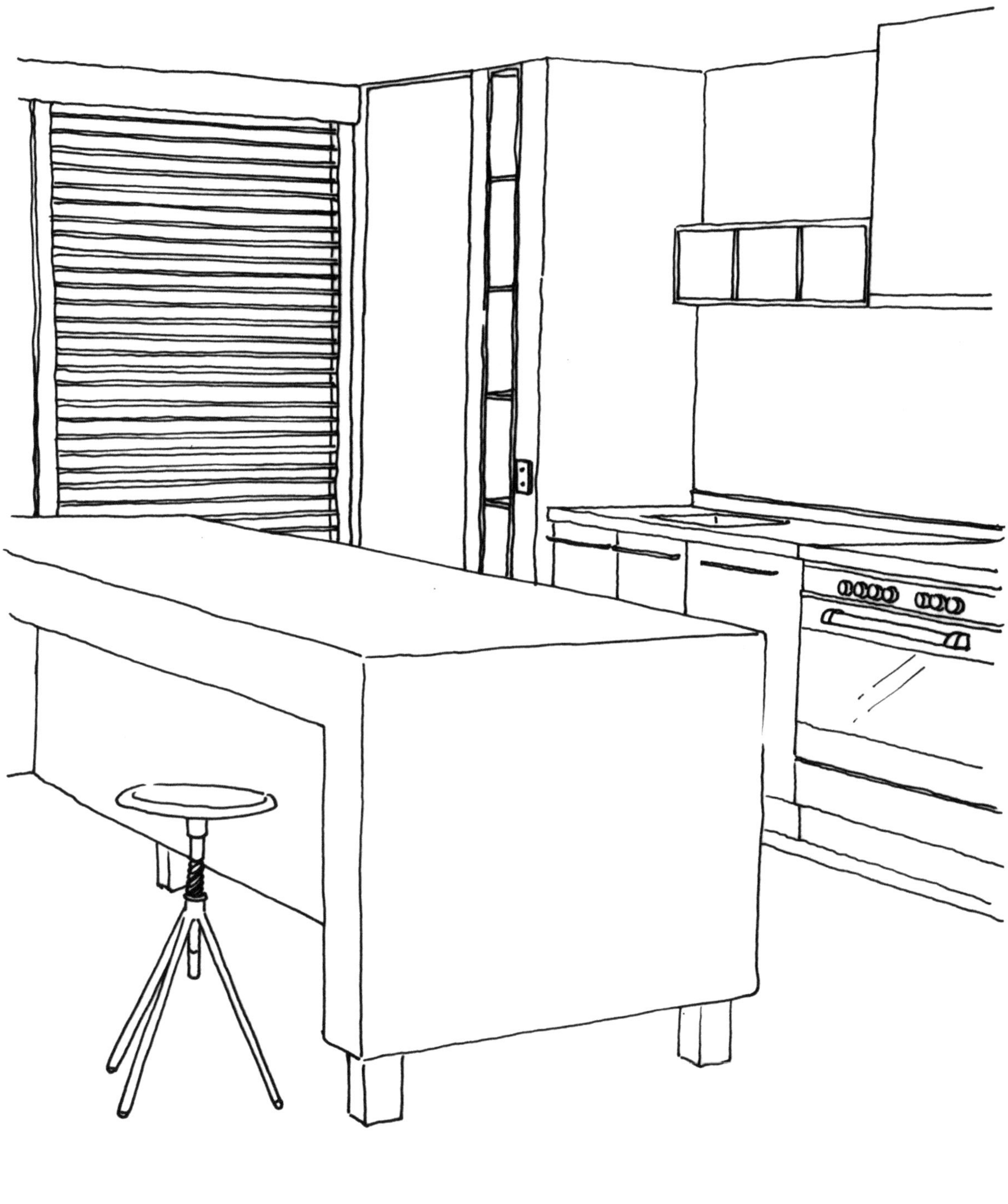

4. 공부방

학생이 사용하는 방으로 학습과 침실을 겸하고 있으나, 침실은 앞에서 언급한 만큼 여기서는 책상, 책꽂이, 의자, 옷장을 중심으로 드로잉한다. 사용자가 아동일 경우는 아동용 침대를 드로잉해야 한다.

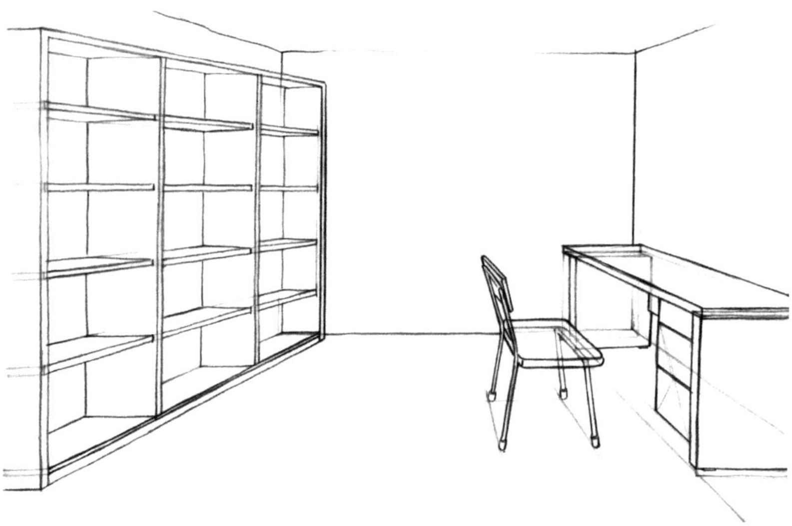

5. 화장실

화장실은 실내뿐만 아니라 도시의 공중화장실처럼 실외에도 존재한다. 국가의 경제나 문화 정도를 판단할 때 종종 화장실이 언급되고 있듯이, 실내공간 중에서 가장 비밀스런 공간인 화장실은 그 가정의 문화를 대변한다고 할 수 있다. 조선시대 우리의 화장실은 마당을 사이에 두고 주거공간과 떨어져 있었으나 아파트문화의 유입으로 한 공간에 존재하는 만큼 더 이상 멀리해야 하는 공간이 아니다. 선진국의 경우는 화장실에서 차를 마시거나 잘 수 있을 정도로 깨끗하고, 아늑하게 꾸며지고 있다. 이것은 화장실보다 욕실 기능의 확대에서 오며, 우리나라도 점차 화장실 디자인에 관심을 갖기 시작했다.

화장실에는 변기와 욕조가 있으며, 수건과 세면도구를 수납할 수 있는 가구가 비치된다. 실내공간 중에 가구의 비중이 가장 적은 곳으로 대부분의 가구는 붙박이로 설치된다.

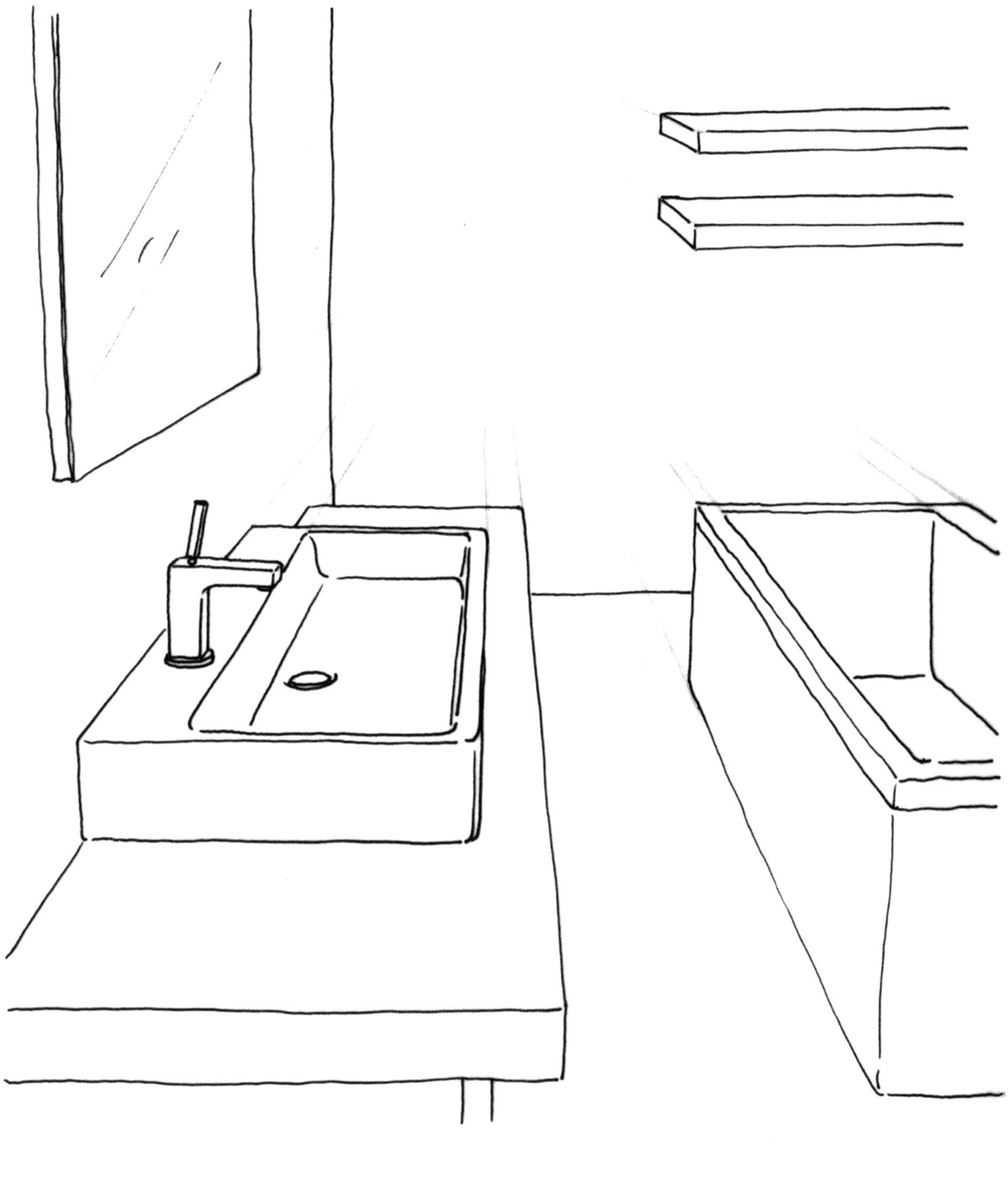

6. 정원

자연을 가까이 하고 싶은 것은 인간의 욕망이기 때문에 노년에는 시골로 내려가 단독주택생활을 하고자 하는 꿈을 꾼다. 정원은 단독주택의 가장 큰 장점이며, 정원을 가꾸기 힘든 아파트에서는 베란다에 작은 정원을 꾸민다. 벤치와 테이블, 그리고 의자는 정원에서 빠질 수 없는 가구이며, 이와 더불어 파라솔 또는 안락의자가 같이 놓여지기도 한다.

7. 공공장소의 스트리트 퍼니처

공공장소는 많은 사람들이 공동으로 사용하는 장소로 공원이나 주차장 또는 정류장 등 그 종류가 다양하다.

사람들은 개인적인 주거공간을 아름답고 안락하게 꾸미기 위한 가구 선택에 있어서는 매우 신중하나 많은 시간을 공공장소에서 보냄에도 불구하고 거리가구(Street Furniture)를 선정하는 데는 무관심하다. 형태가 서로 조화롭지 못한 쓰레기통과 벤치, 그리고 서로 다른 디자인의 가로등이 뒤섞여 늘어선 거리는 어지러울 정도로 보기 흉하다. 이러한 것은 디자이너와 행정관리자들의 의견이 일치하지 못하거나, 관계기관의 계획성 없는 정책에서 비롯된다고 할 수 있다. 공공장소의 많은 시설물 중에서도 시민들의 사용빈도수가 가장 많은 벤치는 중요한 거리가구로써 많은 연구가 이루어져야 한다.

독 일

국내·외
디자이너 드로잉

국내작가

본 장에서는 현장에서 활동하고 있는 국내 디자이너들의 드로잉을 한 자리에 모아
드로잉의 다양성을 보여주고자 한다.
본 저자는 물론 가구디자인과 학생, 가구디자이너, 건축가, 화가에 이르기까지
여러 분야에서 드로잉을 어떻게 하고 있는지 그 사례를 보고,
좀 더 감동적인 드로잉 기술을 위하여
꾸준한 노력의 필요성을 느끼길 바란다.

남다영(보루네오 디자이너)

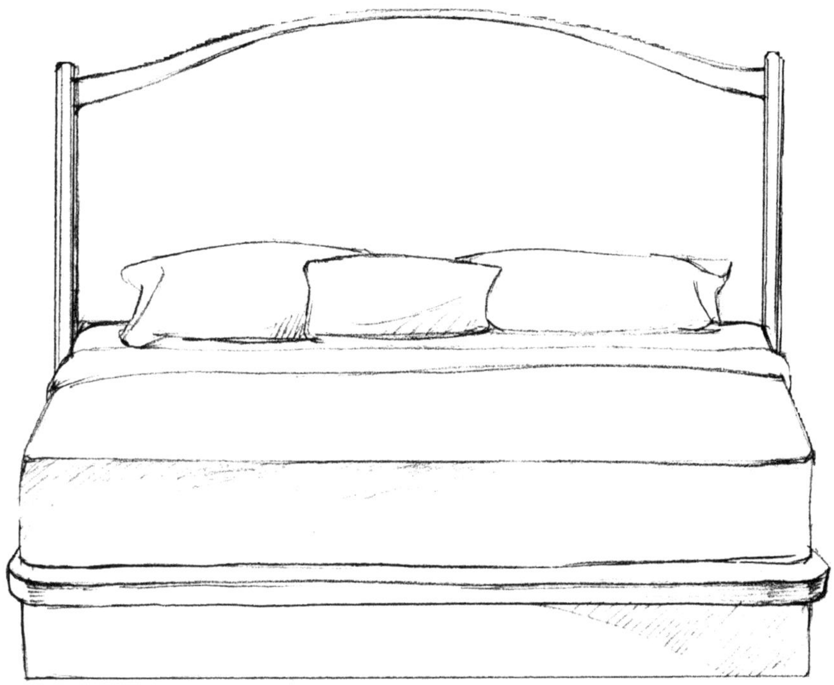

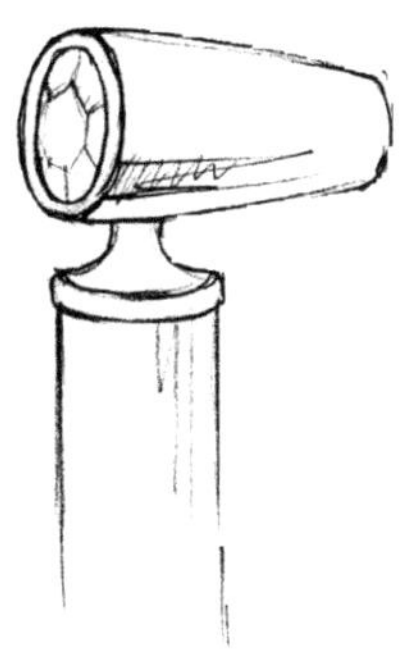

김황종(황동산업)

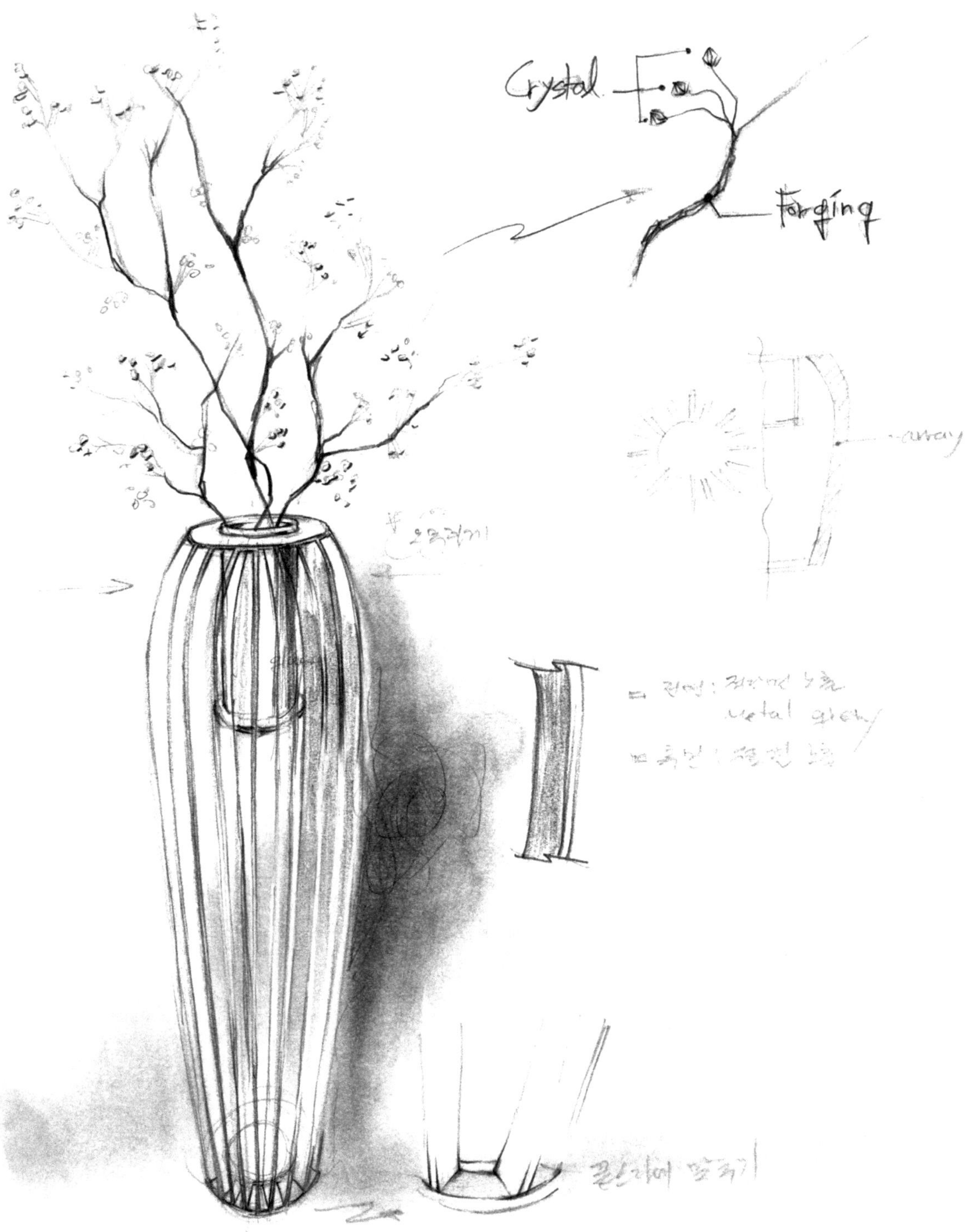

공혜원(가구디자이너)

wood.
color (high glossy)
(red)
유광으로 도자기 느낌이 나게
.mirror
.도자기가 위로
차곡차곡 쌓여진 느낌..

전창명(가구디자이너)

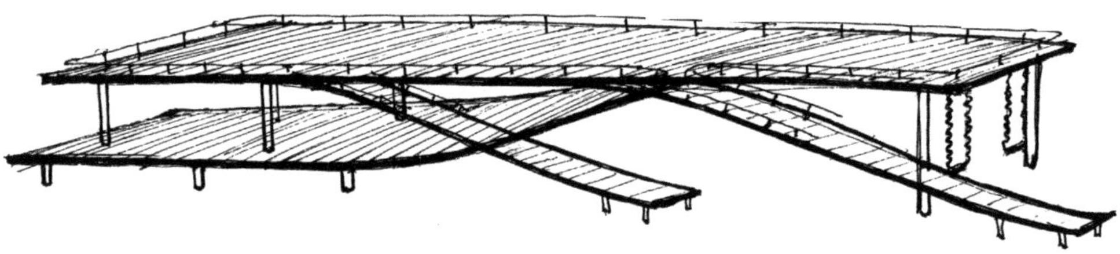

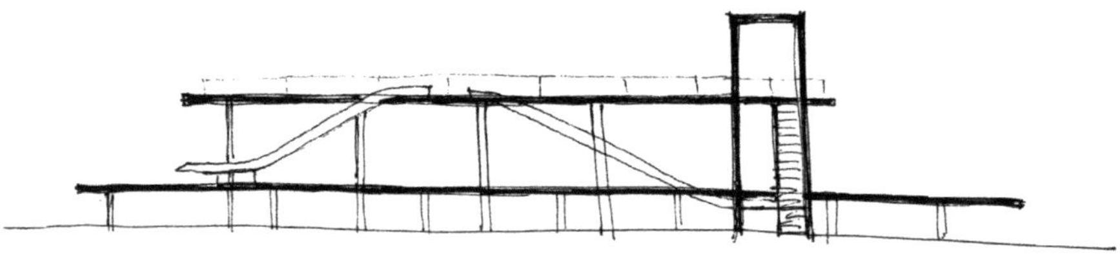

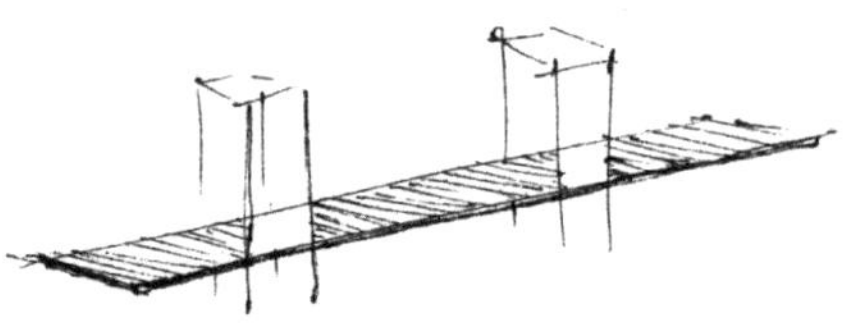

김영주(가구디자이너)

임광순(가구디자이너)

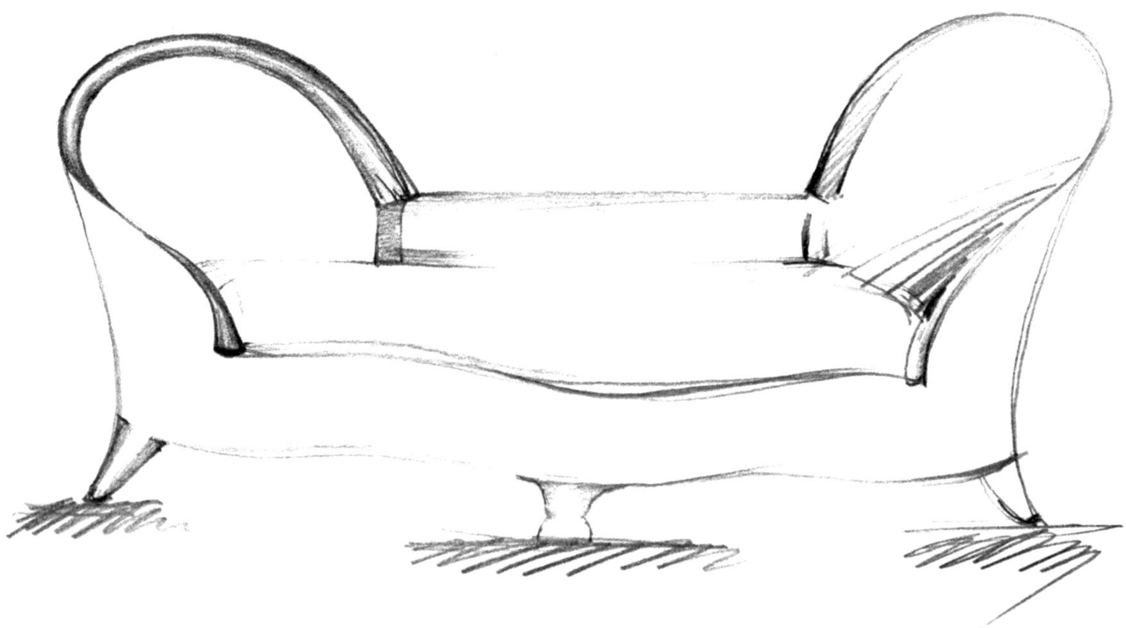

백 은(가구디자이너)

홍석주(건축가)

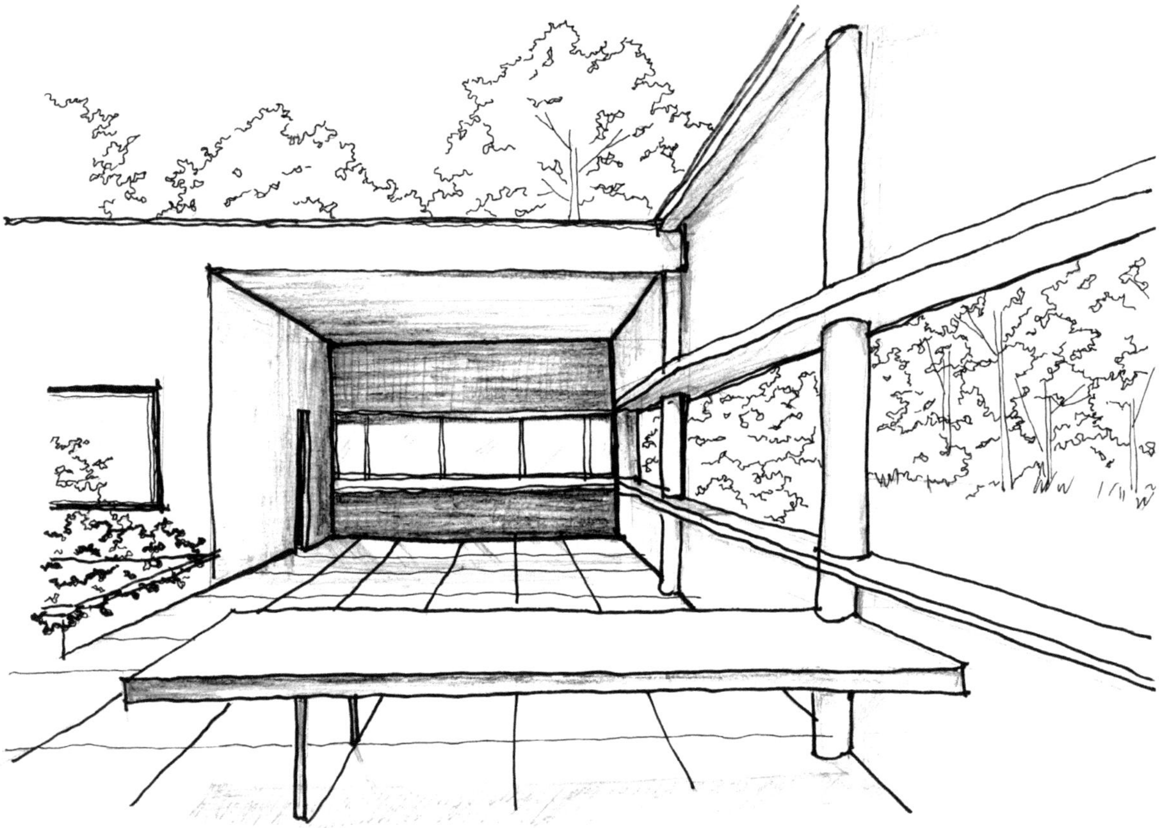

양성오(스튜디오 올)

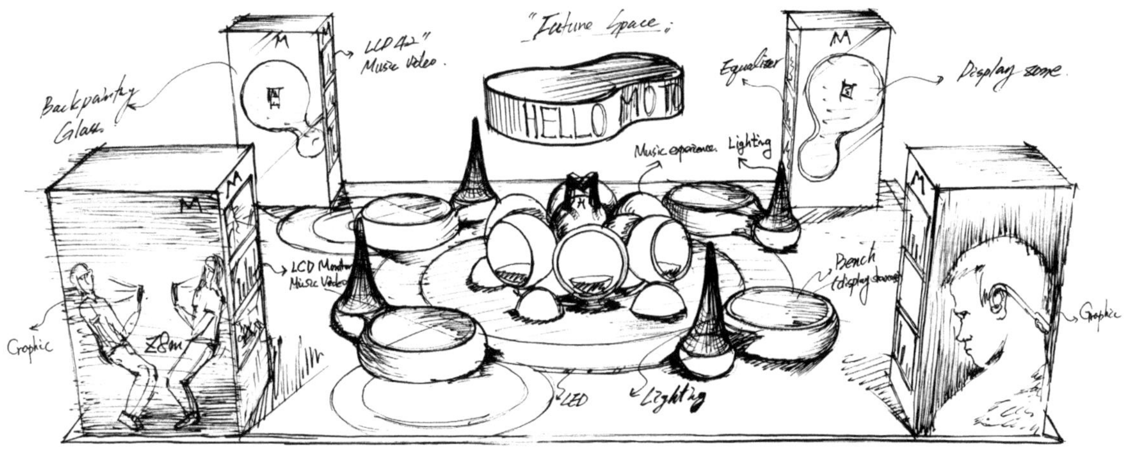
"Future Space"
Music Video
HELLO MOTO
Equalizer
Display zone
Music experience Lighting
Bench
Graphic
LED
Lighting
Graphic

조숙경(가구디자이너)

주숙경(화가)

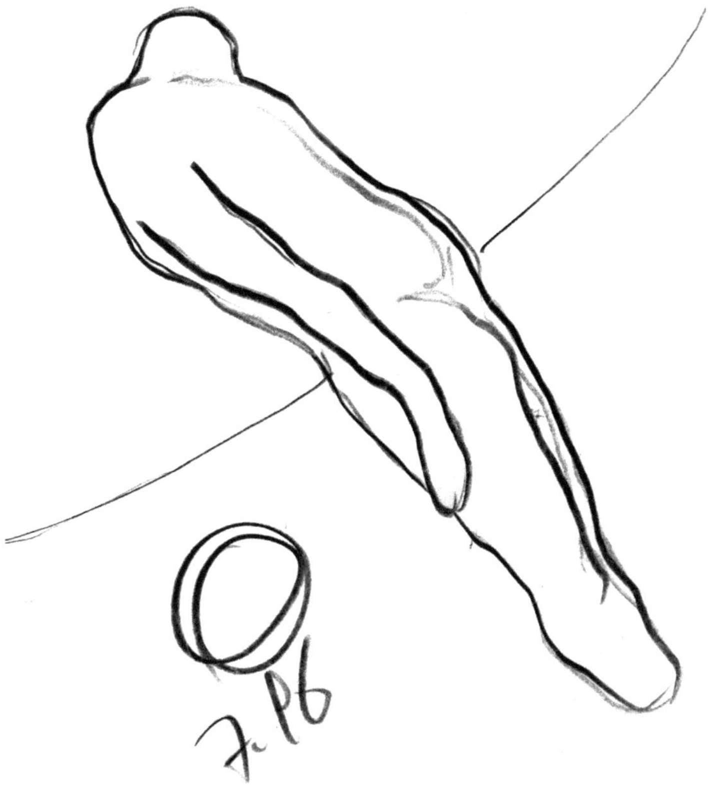

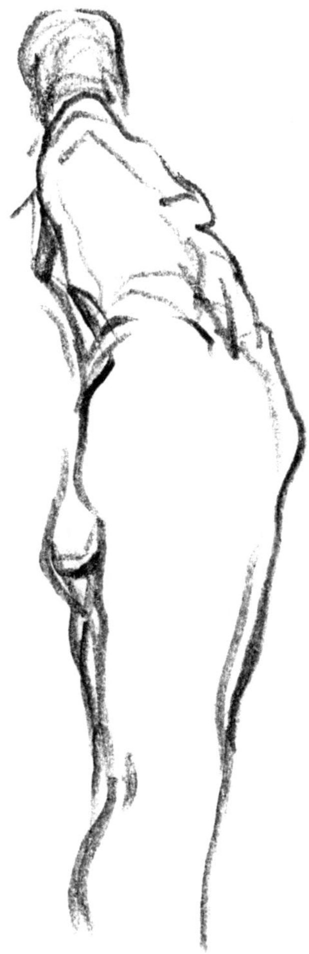

안현정(광고디자이너)

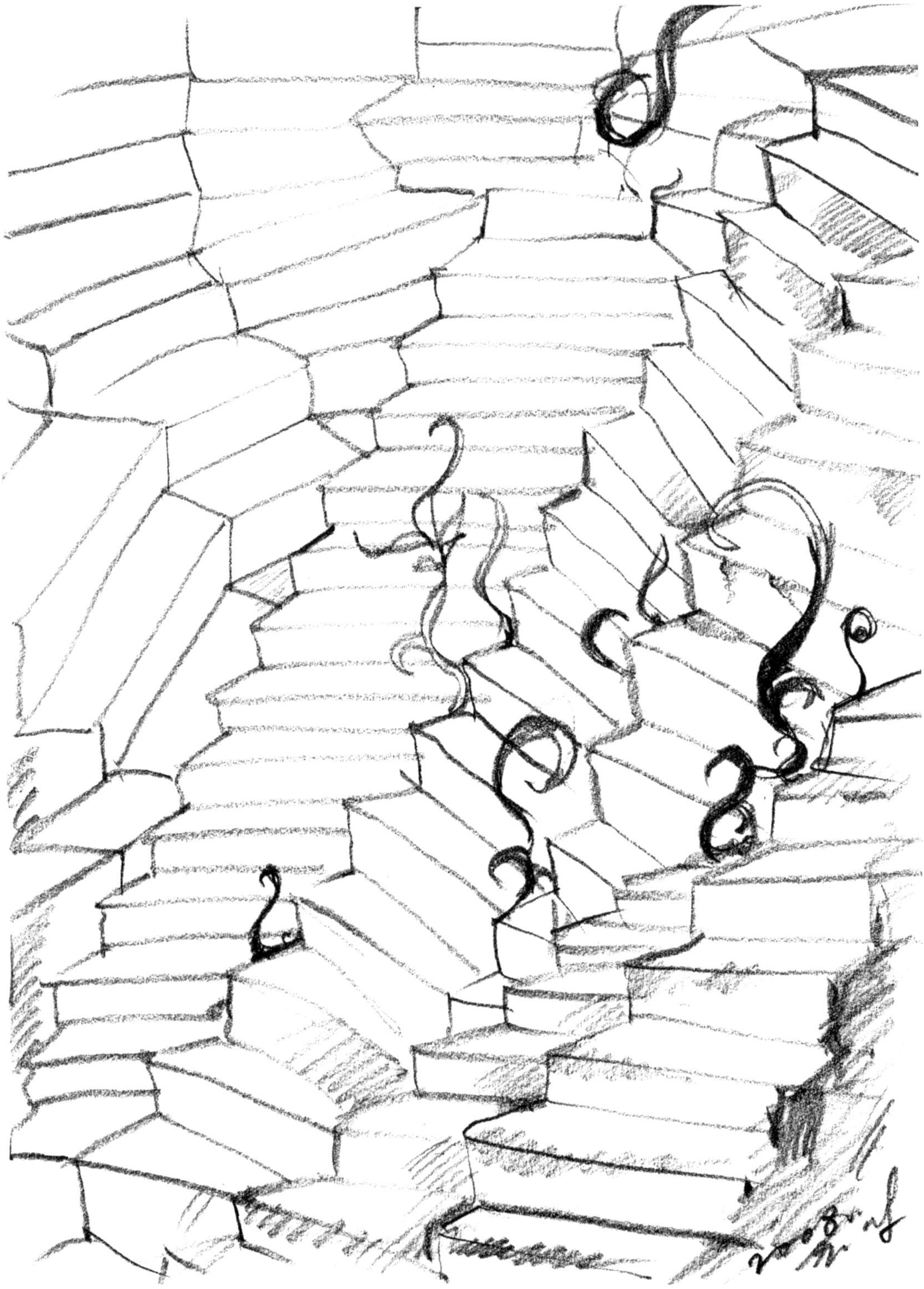

강명선(가구디자이너)

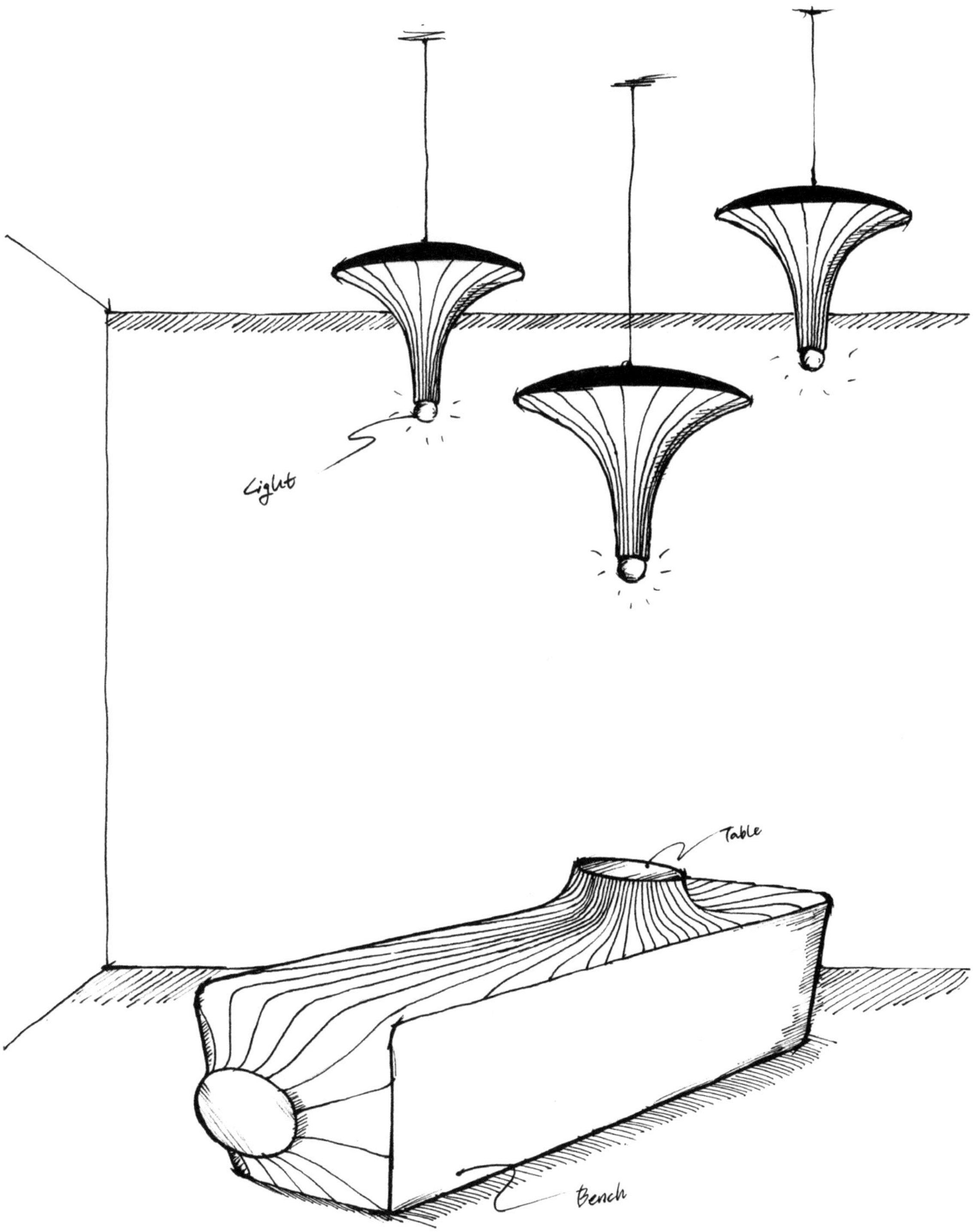

최 기(가구디자이너)

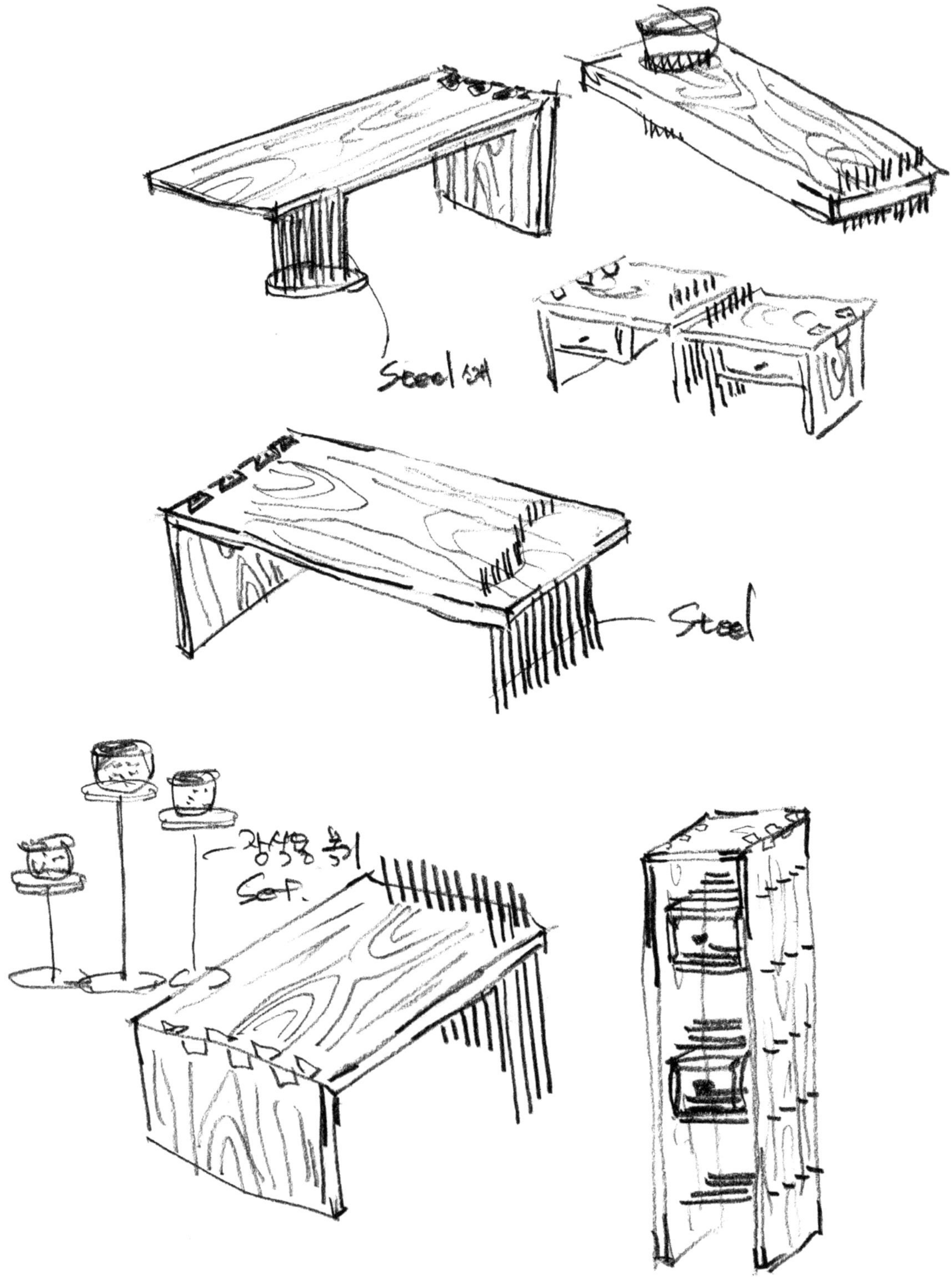

노경택(가구디자이너)

국외작가

국외의 경우는 가구의 역사에 지대한 영향을 미쳤거나

현재 디자이너로 활발하게 활동중인 디자이너들 중에서 그 사례를 소개하였다.

토마스 치펜데일(Thomas Chippendale: 1718~1779, 영국)

루드비히 미스 반 데 로에(Ludwig Mies van der Rohe: 1886~1969, 독일)

르 코르뷔지에(Le Corbusier: 1887~1965, 스위스)

알바 알토(Alvar Aalto: 1898~1976, 핀란드)

마르트 스탐(Mart Stam: 1899~1986, 네덜란드)

브루노 마트슨(Bruno Mathsson: 1907~1988, 스웨덴)

프랭크 게리(Frank Gehry: 1929~, 캐나다)

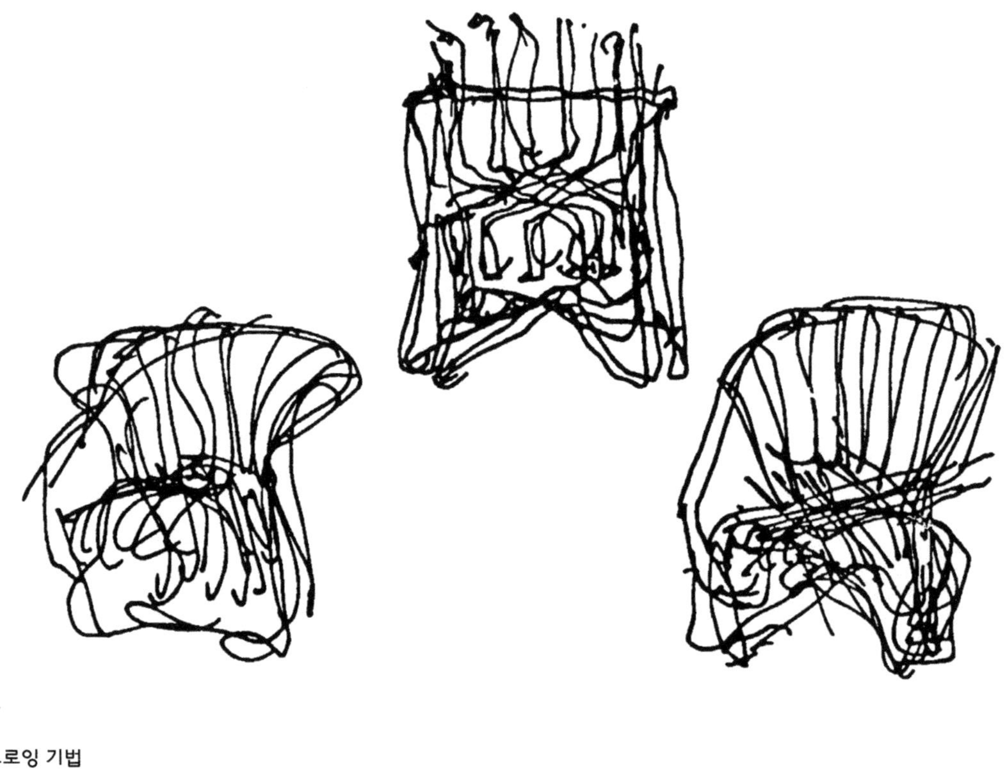

알레산드로 멘디니(Alessandro Mendini: 1931~ , 이탈리아)

페르난도 캄파냐와 훔베르토 캄파냐(Fernando Campana & Humberto Campana: 1953, 1961,)

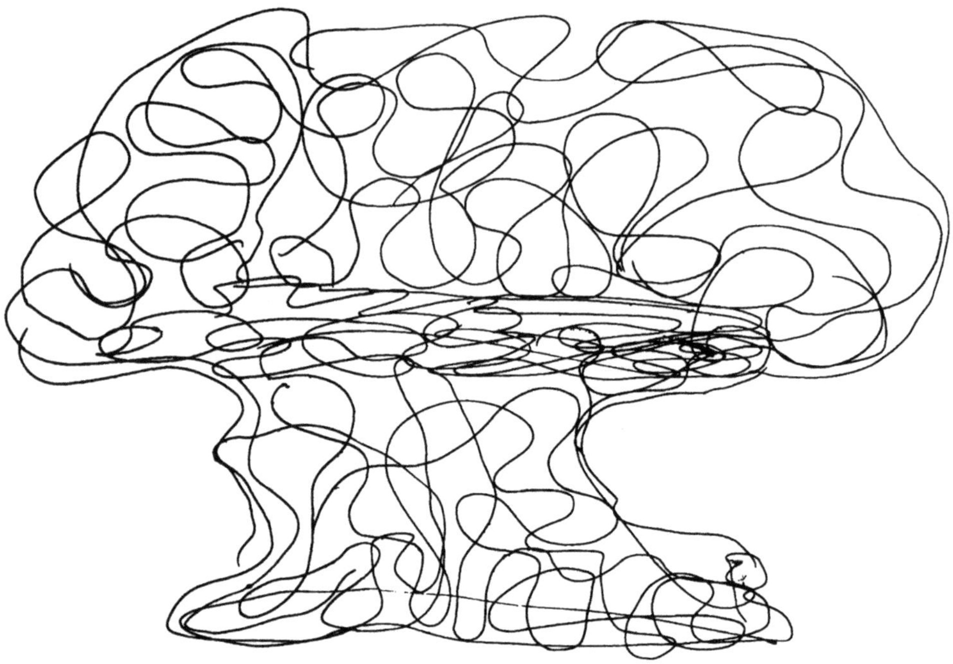

로스 러브그로브(Ross Lovegrove: 1958, 영국)

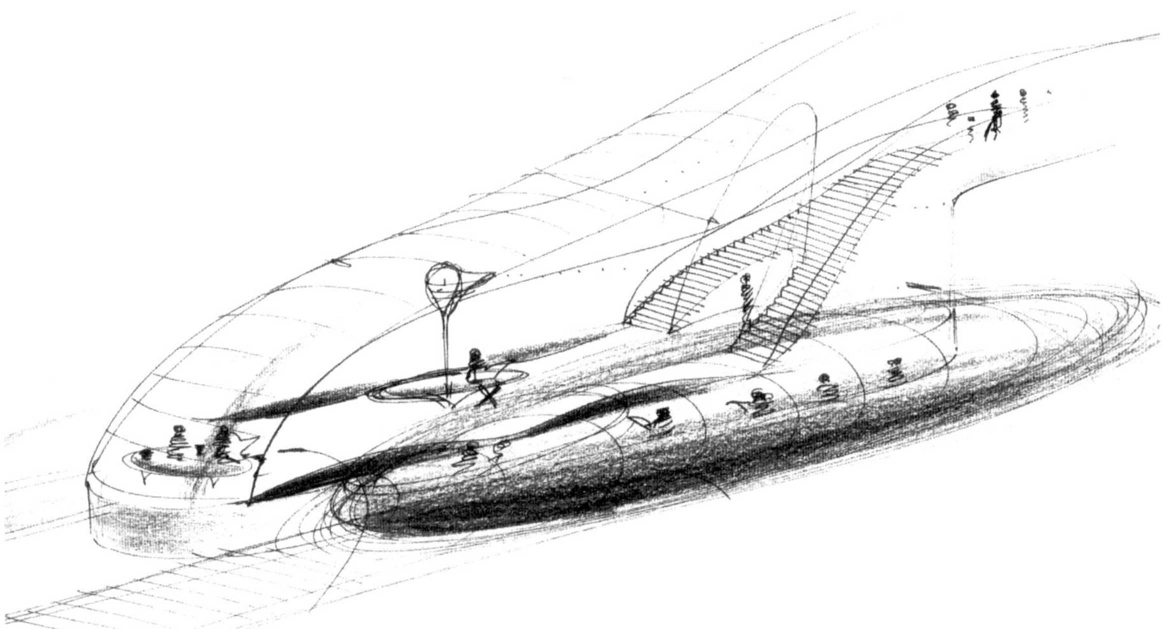

카림 라시드(Karim Rashid: 1960~, 이집트)

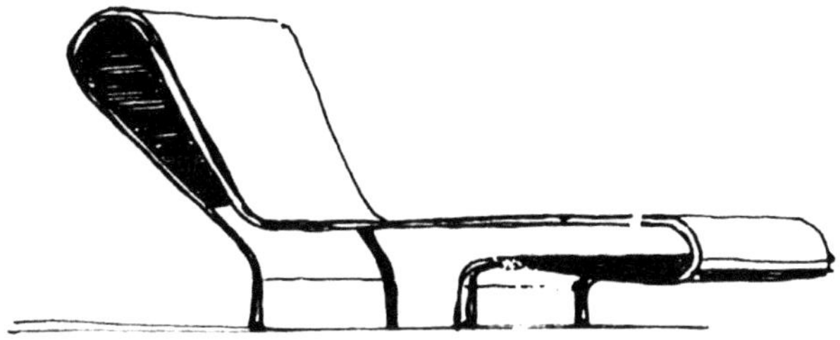

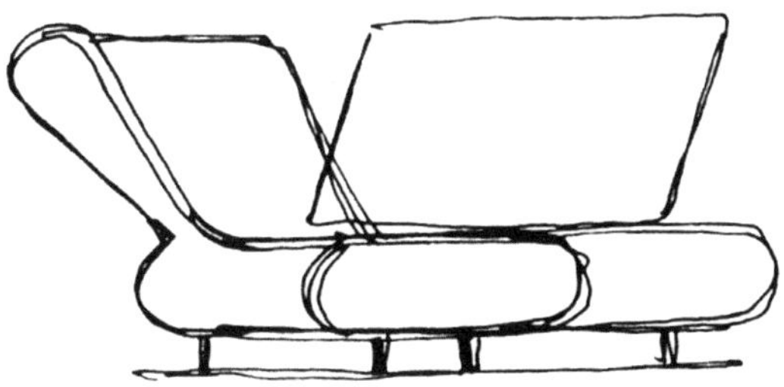

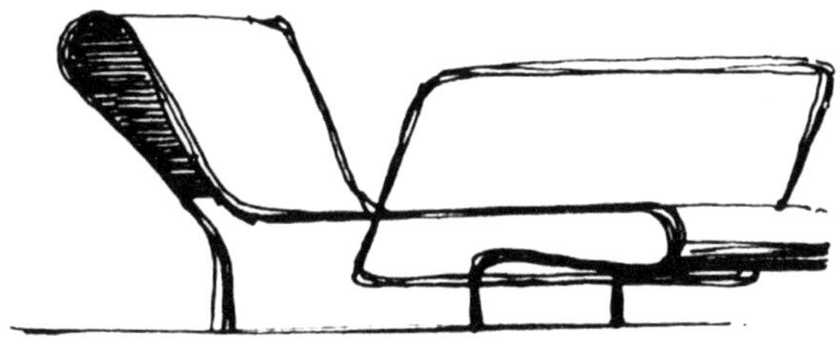

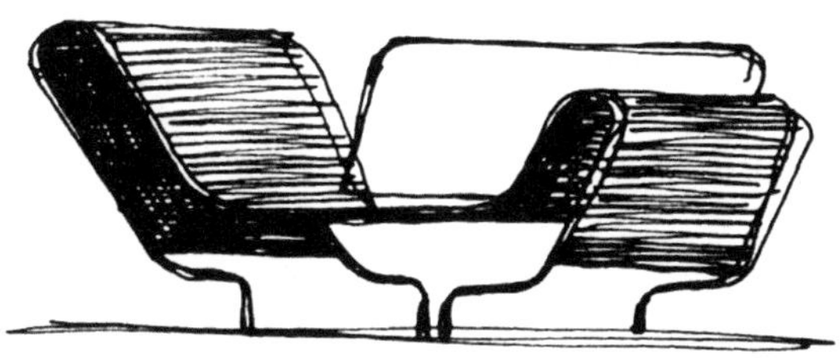

한스 엘(Hans Ell: 가구, 인테리어디자이너, 독일)

크리스티네(Christine Renner: 인테리어 디자이너, 독일)

베르너 팬톤(Verner Panton : 1926~1998, 덴마크)

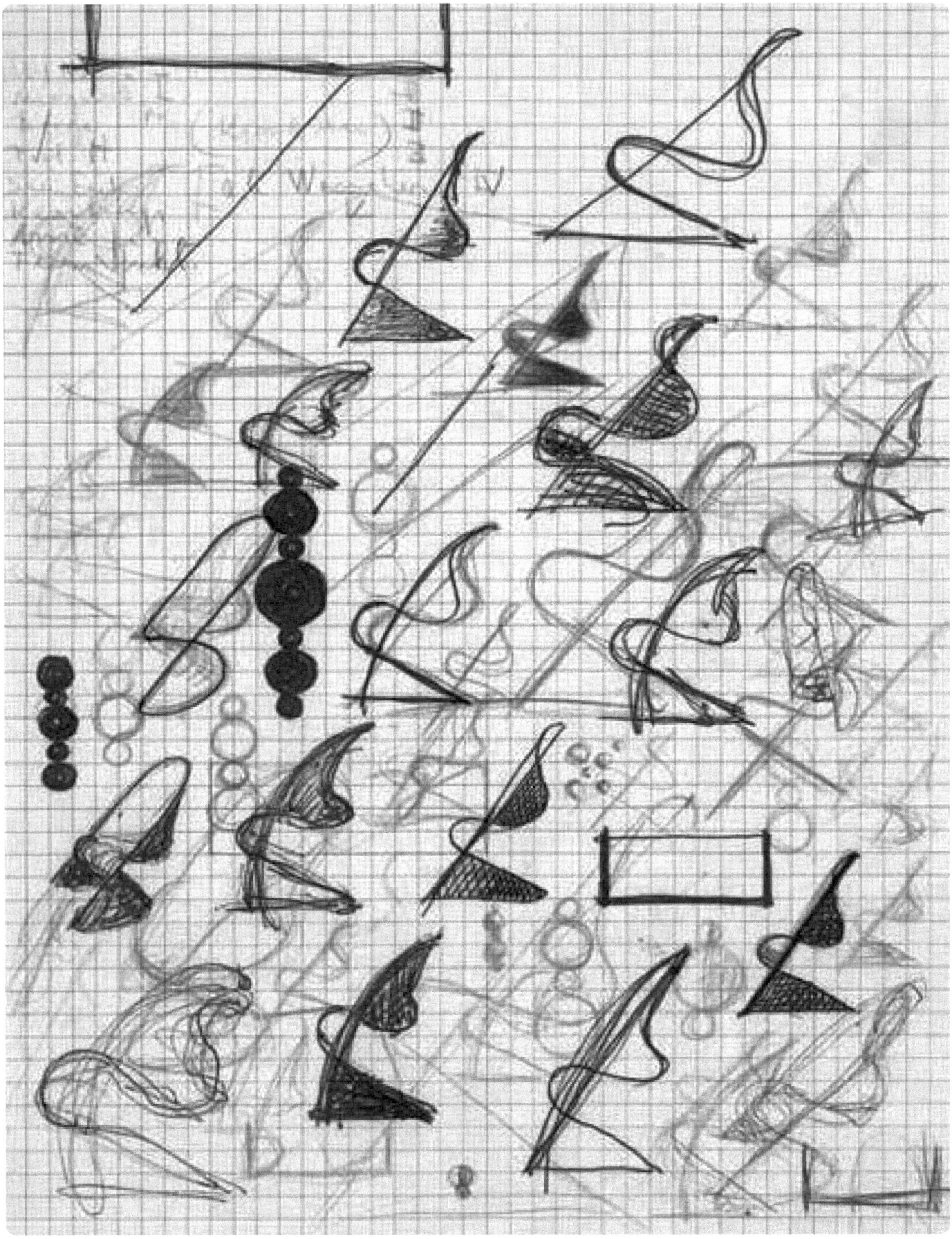

조 숙 경

1989 홍익대학교 미술대학 목공예과 졸업
1994 홍익대학교 일반대학원 공예디자인과 졸업
1998 독일 카셀종합대학교 대학원 제품디자인과 졸업

저서 가구재료학, 기문당(2012)
독일가구디자인, 기문당(2013)
한국현대가구사, 기문당(2015)
한국가구의 역사, 미진사(2019)
한국과 독일의 부엌가구, 미진사(2021)
서양 가구의 역사, 기문당(2023)
사무용 가구, 기문당(2024)

현재 서일대학교 생활가구디자인학과 교수

www.chodesign.com

가구 드로잉 기법

2011년 2월 11일 1판 1쇄 발행
2014년 6월 10일 2판 1쇄 발행
2025년 8월 20일 2판 6쇄 발행

저 자 조숙경
발 행 처 기문당
주 소 서울시 성동구 무학봉 28길 4-1
전 화 02) 2295-6171~2
팩 스 02) 6971-8188
홈페이지 www.kimoondang.com
I S B N 978-89-6225-596-6 93630

이 도서의 국립중앙도서관 출판시도서목록(CIP)은 서지정보유통지원시스템 홈페이지
(http://seoji.nl.go.kr)와 국가자료공동목록시스템(http://www.nl.go.kr/kolisnet)에서
이용하실 수 있습니다.(CIP제어번호: CIP22014016617)